空杯心态

做自己的减压教练

罗 金 著

TO RELIEVE THE PRESSURE

中国财富出版社

图书在版编目(CIP)数据

空杯心态:做自己的减压教练 / 罗金著.—北京:中国财富出版社, 2016.7

ISBN 978-7-5047-6104-0

Ⅰ.①空… Ⅱ.①罗… Ⅲ.①压抑(心理学)–通俗读物 Ⅳ.①B842.6–49

中国版本图书馆CIP数据核字(2016)第071230号

策划编辑	张彩霞	**责任编辑**	白 昕 杨 曦				
责任印制	方朋远	**责任校对**	梁 凡 张营营		**责任发行**	张红燕	

出版发行	中国财富出版社	
社　　址	北京市丰台区南四环西路188号5区20楼　邮政编码　100070	
电　　话	010–52227568(发行部)　　　　010–52227588转307(总编室)	
	010–68589540(读者服务部)　　010–52227588转305(质检部)	
网　　址	http://www.cfpress.com.cn	
经　　销	新华书店	
印　　刷	北京柯蓝博泰印务有限公司	
书　　号	ISBN 978-7-5047-6104-0/B·0491	
开　　本	710mm×1000mm　1/16	**版　次** 2016年7月第1版
印　　张	16.5	**印　次** 2016年7月第1次印刷
字　　数	222千字	**定　价** 38.00元

前 言

古时候,有一个佛学造诣很深的人,听说某个寺庙里有位德高望重的老禅师,便前去拜访。

老禅师十分恭敬地接待了他,并为他沏茶,但他自恃佛学造诣深厚,态度非常傲慢。在倒水时,明明杯子已经满了,老禅师还不停地倒。他不解地问:"大师,为什么杯子已经满了,还要往里倒?"老禅师说:"是啊,既然已满了,干吗还要倒呢?"禅师的意思是,既然你已经很有学问了,为什么还要到我这里来求教?

这就是"空杯心态"的故事哲理,它最直接的含义就是一个装满水的杯子很难接纳新东西,只有将心里的"杯子"倒空,将自己所重视、在乎的东西以及曾经辉煌的过去从心态上彻底了结清空,才会有外在的放手,才能拥有更大的成功。

从这个意义上说,"空杯心态"就是对过去荣耀、挫折的一种舍弃,也是对自己的一种否定。否定自己需要很大的勇气,但唯有如此,才能找到自己的不足,找到应该努力的方向。

如今,"空杯心态"已被赋予心理学的概念,它告诉我们一个道理:做事之前要先有好心态。

有些人一心想要有所改变,事到临头却总是无法自控,甚至连自己的生活也被别人控制。而成功大多是自我控制的结果。情绪可以决定你的命运,做好情绪管控关乎你一生的成就。

空杯心态
做自己的减压教练

英国诗人威廉·费德说:"舒畅的心情是自己给予的,不要天真地去奢望别人的赏赐;舒畅的心情是自己创造的,不要可怜地乞求别人的施舍。"

人的一生就像一趟旅行,路途中总会遇到坎坷泥泞,但也有数不尽的美景。如果一个人的心情始终是昏暗的,那么生活必定会变得悲观消极;相反,如果给心情涂上一些颜色,让它变得绚丽起来,生活也会因此变得积极美好。想保持舒畅的心情、拥有积极健康的生活很容易,这取决于你自己的选择。

所以,我们要学会主动"空杯",定期倒空诸如抑郁、焦虑、浮躁、仇恨、嫉妒等种种不良情绪,给心灵定期"洗澡",释放压力,让疲惫的心灵充满激情与活力。

本书总结了世界知名的企业家、政治领袖、艺术家等成功人士的成功经验,并综合众多佛学名家种种有益于我们生活的思想智慧,提供给读者最成功的情绪管理方法和最幸福的心态模式。

书中道理通俗易懂,语言美妙生动,读来让人耳聪目明。每章还设计了随机的小练习让你减压,这些小练习均简单易行,效果显著,可谓职场减压书籍的首选。通过本书,你可以从痛苦、挫折、烦躁、失败、困顿的生活中解脱出来,走向成功,收获幸福!

Contents

目 录

第三章　倒空焦虑之杯:别老往坏处想,你会如愿　　　　41

　　"现在是最倒霉的时候!"当你说出这句话时,其实还不是最糟糕的时候。

　　　　　　　　　　　　　　　　　——卡耐基

第四章　倒空浮躁之杯:走得快,不一定能走到底　　　　61

　　意粗、性躁,一事无成。心平、气和,千祥骈集。

　　　　　　　　　　　　　　　　　——弘一法师

心中有事世间小,心中无事一床宽。

——梦窗禅师

心平气和四字,非有涵养者不能做,功夫只在定火。

——弘一法师

第一章

倒空过去之杯：
学会放下，你就强大

要体会佛法真理，追随圣贤者行迹，必须先学会放下。如果我们不将过去的凡夫心赶快放下，又如何能学圣贤行迹呢？

——南怀瑾

1.如何向上？唯有放下

佛语中讲到，修炼的人在修行中如果不能放下七情六欲，就无法修炼到博大精深的境界。只有懂得放下，才能体会到佛家箴言。

释迦摩尼佛还在人世时，有一位叫黑指的婆罗门来到他的面前。这个婆罗门运用自己的神通，两只手各拿了一个大花瓶，前来献佛。

佛陀大声地对婆罗门说："放下！"婆罗门听从指教，将左手拿的那个花瓶放在了地上。

佛陀又说："放下！"婆罗门又听从指教，将右手拿的花瓶也放到了地上。

之后，佛陀还是向他说道："放下！"

这个婆罗门无奈地回答道："我已经两手空空，没有什么可以再放下了，为何你还要我放下？"

佛陀说道："我的本意并不是让你放下手中的花瓶，而是让你放下六根、六尘和六识。只有当你将这些都放下时，才能从生死轮回中解脱出来。"

你将手中所持有的东西放下了，但你心间的七情六欲、欲望挣扎，是否放下了呢？只有放下这些，才算是真正做到了佛家箴言中所讲的"放下"。

大学开学的第一天，教授给同学们上了一堂别开生面的课。

他站在讲台上，平举着双手。同学们为教授的这一举动感到好奇，这时，教授说道："同学们，你们看我的手里有什么东西吗？"

"没有。"同学们一起回答。

教授又问："我手上现在承受着多大的重量呢？"

"0克。"同学们异口同声地回答道。

教授顿了顿又问："如果我的手一直保持着这样的姿势，10分钟后会发生什么事情呢？"

"什么事情都不会发生。"同学们回答。

"如果我的手这样托一个小时，会发生什么事情呢？"

"你的手臂会疼。"有一个学生回答。

"你说得对，"教授点了点头，"如果一直这样托一整天呢？"

2

"你的手臂会变得麻木，肌肉会严重拉伤和麻痹，最后肯定得去医院。"有同学在底下说道。

"是的，也许这样一整天后，我真的就得去医院了。但是，在这期间，我手上的重量变了吗？"教授问道。

"没有。"同学们一起回答。

"那么，在我的手臂开始疼痛之前，我应该做些什么呢？"教授问道。

同学们有些疑惑不解，这时，有个同学说："把手放下呀！"

"说得很对！"教授一边将双手放下，一边说，"在生活中，我们可能会遇到各种各样的问题，就像我刚才平举双手那样，时间长了，就会双臂麻木，肌肉拉伤，因此，我们要学习放下。生活中，之所以有很多人不开心、不快乐，就是因为他们没有学会放下。其实，人生就是一个学习放下的过程，放下对权力的执着，我们才能收获宁静和淡泊；放下对金钱的贪恋，我们才能收获安心和快乐；放下对他人的怨恨，我们才不会生活在痛苦中……只有学会放下，我们的心灵才能充满阳光和温暖，生活才会快乐。"

停顿了一会儿，教授又接着说："同学们，今天是你们大学生活的第一课，我希望你们能记住我今天所说的话，人生就是一个不断学习放下的过程，当你们遇到烦恼时，要学会放下，只有这样，你的生活才能充满阳光。"

如何向上？唯有放下。只要学会放下，即使生活总是风起云涌，不得平静，我们的内心也依然能波澜不惊。

2.放得下是一种至高的境界

法国哲学家、思想家蒙田说过一句话："今天的放弃，正是为了明天的得到"。是的，放弃并不意味永远地失去，它只是为了以后铺路。只有放下，才能得到更多。执着是强者的姿态，放弃是智者的潇洒。很多时候，执着往往会带来伤害，而放弃却可以绽放另一种美丽！

"拿得起，放得下"是生活的真谛，"拿得起"是一种选择，"放得下"则是一种更高境界的选择，很多人终其一生都无法参悟其中的道理。事实也证明，成功总是青睐那些懂得适时放弃的人。

有一天，老和尚带小和尚下山，在经过一条大河时，他们碰到了一位姑娘因河水湍急而不敢过河。小和尚见状，低下头合掌念"南无阿弥陀佛"，而老和尚则背着姑娘趟过了河，然后放下姑娘，继续赶路。

小和尚满脸疑惑，一路嘀咕着，走了许久，他终于忍不住问："师父，您犯戒了，我们不是不能近女色吗？"老和尚听了叹道："我都已经放下了，你怎么还没'放下'呢！"

现实中有很多人像小和尚一样，既拿不起，也放不下，或者是不懂得该如何拿起、如何放下。"拿得起"要求我们有足够的实力，在机遇到来时能够成功应对；"放得下"则要求我们在面临困难时，不气馁堕落，甘于一时的平庸，能屈能伸，彰显豪迈，就像老和尚一样。

生命就是一个不断拿起和放下的过程，拿起也许仅仅需要一些蛮力或一股激情，但放下却往往伴随着很多不甘、不舍、无助和无奈。其实，每个人心里都知道自己真正应该拿起什么、放下什么，可偏偏很多人在拿起和放下之间犹豫不决、战战兢兢、如履薄冰，最终既没有拿起该拿的，也没有放下该放的。

拿得起是一种令人敬佩的勇气，而放得下则是一种难能可贵的超脱；拿得起是博大精深的智慧，放得下是意味深远的哲学；拿得起是一种挑战，放得下是一种安慰。

为什么有些人活得轻松自如，有些人前进的脚步却越来越沉重？因为前者懂得放下，他知道什么才是自己最需要的；而后者得到一样东西便死死抓住，绝不罢手，随着时间的积累，肩上的包袱越来越多，脚步自然也越来越沉重。只有学会放弃，才能轻装上阵，摆脱无畏的纠缠。更重要的是，放弃可以让人变得胸襟开阔，从而赢得众人的尊重和信任。

一场战争过后，街上硝烟弥漫。此时军队已经撤走。一位商人和一位农夫来到了街上，希望能够找到一些值钱的东西。经过一番寻找，他们惊喜地发现了一大堆还没有被烧焦的羊毛，于是，两个人各自分了一半背在背上。

在回去的途中，他们又发现了一些布匹。农夫想了想，就将自己身上背的羊毛通通扔掉，选了一些扛得动的上好布匹。可商人却十分贪婪，他不仅舍不得丢下自己的羊毛，还将农夫丢下的羊毛和剩余的布匹统统捡了起来。毫无疑问，这些东西压得商人气喘吁吁，而农夫则十分轻松。

一段路途过后，他们又看到了一些银质的餐具。农夫又将身上的布匹都扔掉，捡了一些较好的银具背上。此时的商人早已累得直不起腰来，他也很想再拿一些银器，可又舍不得已经到手的布匹和羊毛，只好作罢。此时，天空突然下起了大雨，商人身上的羊毛和布匹被雨淋湿后，变得更加沉重，令商人不堪重负，最后摔倒在泥泞当中。而农夫则满心欢喜地回到了家，将银器变卖后，过上了富足的生活。

一路走来，我们需要面对的诱惑实在是太多了，如果样样都想要，日子必定会过得十分狼狈。人生背负的行囊过多，便违背了生命最初的意义。只有在该放下的时候果断放下，才能轻松快乐地过一生。

人生并非只有一种风景，当你失意的时候，或许别处的风景更吸引人。固然，坚守之前的道路并无过错，但你总要试着为自己开辟更多的道路。放下从前，才能开始现在。

3.别让自责堵死出路

很多人在犯错之后不能原谅自己，甚至憎恨自己，进而影响到现在乃至未来做事的心情。如果憎恨过于强烈，就无法洗心革面，无法看到希望的曙光。不如反过来想一想，错误既然已经犯下了，再惩罚自己又有什么用呢？而且，你已经为此付出了沉重的代价，为什么还要搭上现在和未来呢？

两年前，杨刚被分到项目部，由当时的技术能手何师傅带领。何师傅平日不苟言笑，而杨刚头脑机灵，性格开朗，虽然性格截然相反，但师徒俩相处得十分融洽。何师傅性格、脾气、业务技能在分公司都是有口皆碑的。慢慢地，杨刚发现，师傅这个人哪都好，就是有点太过淡泊名利了，就凭他的技术和能力，到哪工作都能成为顶梁柱，可他却非要把自己置身于工作环境艰苦、与家人聚少离多的分公司。

半年过去，看着昔日一同进来的同事都得到了重用，自己却仍然在原地踏步,杨刚心里难免有些失落。虽然师傅一再劝解,可他却无法说服自己。一天,喝完酒后,冲动之下,杨刚冲进大雨当中,向路边跑去。就在此时,一辆满载沙石的拉土车从雨雾中飞驰而来,因雨大,视线不好,眼看就要撞上杨刚了,尾随而来的何师傅从后面使劲将杨刚一推,自己却来不及闪躲,被拉土车撞上,倒在了血泊之中。看到眼前这一幕,杨刚惊呆了。

医生下了病危通知书后,杨刚再也控制不住自己的感情,抱头痛哭起来。这时,分公司的总经理默默地走到窗前,拿出手机颤抖地拨了一个号码:"喂,何总,小何,小何他出事了,请您马上到医院来一趟。"直到此时,杨刚才知道:师傅是董事长的独生子,两年前进入分公司,从最底层做起。"我都做了些什么?"杨刚自责地敲打自己的脑袋。

3天后,杨刚送走了师傅,然而,他却无法回到原来的状态。他认为是自己的冲动葬送了师傅的性命,他该拿什么去偿还这一切?杨刚活在自责当中,每天除了拼命工作,就是把自己关在屋里,一遍又一遍地回忆出事前的情景,如果无法睡觉,就起来一个人喝闷酒。一个原本精神抖擞的年轻人,渐渐变得憔悴不堪。一次,因为走神,他差点在工地上出事。

得知这一切后,董事长亲自找到他,给他做思想工作。在大家的努力下,杨刚找到了人生目标,那就是沿着师傅的脚印走下去,完成师傅的遗愿,成为分公司不可缺少的技术能手。

常常听一些人痛苦地说:"我永远无法原谅自己。"可是,不原谅又能如何?一味自责只会把自己推入一个永不见底的深渊,从此再也看不到希望和光明。世上没有"后悔药",谁也不能改变过去,对自己的责怪只会加深痛苦。

在成长的道路上，谁都难免会有过失，这是成长的代价。面对过失，无论你再悔恨与自责，都不能改变现实，一味地逃避，也不能让事情有转机。唯有坚强起来，寻找解决问题的途径，才是首要的任务。只有放下你的自责与悔恨，你才会有勇气与毅力寻找到出路。

4.一失足未必成千古恨

"一失足成千古恨"，这句古训是在教育人们要把握好自己的人生方向，千万不要走上错路，最后让自己后悔。人的一生会遇到各种各样的情况，当人们在一些事情上急于求成而又脱离实际时，就会造成一些过失，带来严重的后果，但并非一失足就成千古恨。

当初越王勾践不听大臣范蠡劝谏，坚持要发兵攻打吴国，结果在夫椒一战中大败，自己也被押往吴国为吴王养马三年。勾践为当初的鲁莽冲动付出了惨痛的代价，卧薪尝胆，立志不忘亡国之恨。回到越国之后，他励精图治，事必躬亲，一有空闲就和农民一起到农田里扶犁耕作，他的妻子也亲手纺线织布。在这段时间里，他们生活简朴，不吃有肉的饭菜，不穿华丽的衣服，待人平和，礼贤下士，厚待宾客。在勾践的努力下，越国国力迅速增强，君臣上下一心，最终打败了吴国，一雪前耻。

没有谁能一帆风顺，也没有人注定一生失足，生活对每个人都是公平的。只要你敢于正视失足，它就可以使你学到并深刻体会到许多真知灼见。此外,失足还可以使你认识到自己的能力与局限,了解自己是否成熟。

所以,不要畏惧失足,它带给你的比成功带来的更多。

对于失足,人们总是习惯于先从客观上找理由,诸如上天不公或运气不好,但这都是托词,是借口。一个人的失足最主要的原因还是在于自己,不是因为自己的性格、心理、意志等方面存在缺陷,就是因为方法不当、措施不力,再不就是因为自己的判断失误,再多的客观因素也不能让你完全推卸掉自己身上的责任。

失足并不可怕,可怕的是失足后一蹶不振,在失足中越发沉沦。

出生于贵族家庭的培根曾经担任过英国驻法国大使馆的工作人员,还当过律师,并在议会选举中当选为议会议员。就在他官运亨通、平步青云、春风得意的时候,却因贪污受贿罪被监禁于伦敦塔内,出狱后,他又被终生逐出宫廷,不得再担任任何官方职务,不得参与议会。

从此,培根开始专心从事著述。他提出了著名的"要命令自然,就要服从自然""知识就是力量"等一系列对后人影响深远的口号,并建立了自己的唯物主义经验论。如果没有那次失足,培根也许会一门心思地经营他的政治事业,成为一名政客,而不会有精力放在学术研究上,如此,也就不会成为世界哲学史和科学史上具有划时代意义的人物。

一次失足并不是世界末日,它只是一个新的开端,是命运让我们做个新的更好的自己。

失足既可以成为埋葬信心的坟墓,也可以成为"而今迈步从头越"的起点。失足并不代表着失败,只是表明成功或许需要变换一下方向;失足也并不意味着你浪费了时间和生命,而只是在给你重新开始的理由。

5.欣赏过去，从过去中学习

沉溺于过去会分散你的注意力。当你不安的时候，过去仿佛是一个理想的避难所，但它是不真实的。你总是以各种形式把自己隐藏在过去中：给过去涂上一层浪漫的色彩；对过去的一切感到遗憾。

但只有两种对待过去的方式对你有好处：一是学会欣赏过去，二是从过去中学习。

给过去涂上一层浪漫的色彩是非常有诱惑力的。记住过去愉快的经历使人快乐，但如果拿过去和完全不同的现在做比较，快乐就会消失。过去已一去不复返，此时此刻才是真正力量的来源。

在历史上，伊东·布拉格是美国第一位获得普利策奖的黑人记者。当同行采访布拉格，询问他的获奖感受时，他在麦克风前讲述了一段令人感慨的经历："我小时候，家里非常穷，我父亲是个水手，他每年都来来回回地穿梭于大西洋的各个港口，尽管如此，挣的钱依然不够维持全家人的生活。面对这种处境，我非常沮丧，因为我一直认为，像我们这样地位卑微、贫穷的黑人是不可能有出息的。

"抱着这样的想法，我浑浑噩噩地上学，成绩自然好不到哪儿去。就这样，我在自己设定的围墙下过了十多年。有一天，父亲突然对我说：'现在你长大了，应该带你出去见见世面，我希望你的生活能和父母不同，能摆脱从前的贫穷而有所成就。'听了父亲的话，我暗想：'有成就？怎么可能呢？我一直都是个穷黑人的儿子。'

"尽管如此，我依然听从父亲的安排，随他一起去参观了大画家梵高的故居。在这间狭小、几乎空空如也的屋子里，我看见了一张小木床，还有一双裂了口的皮鞋，我很惊讶，这位著名画家的生活居然如此贫困。

"我问父亲：'梵高不是个百万富翁吗？他怎么会住在这种地方？'

"父亲说：'儿子，你错了，梵高曾经是个穷人，是个比我们还要穷的穷人，他甚至穷得娶不上妻子，可他没有向昨日的贫困屈服。'

"这段经历让我对以前的看法产生了疑惑，我想：'我是否也可以从我过去的碌碌无为中摆脱出来，而有些出息呢？'

"第二年，父亲又带着我到了丹麦，我们游走于安徒生的故居内，这里的环境比梵高的故居强不了多少。我更惊讶了，因为在安徒生的童话中，到处都是金碧辉煌的皇宫，我一直以为他也和书中的人物一样，住在皇宫里。

"我向父亲提出了自己的疑问：'爸爸，难道安徒生不是生活在皇宫里吗？'父亲看着我意味深长地说：'不，孩子，安徒生是个鞋匠的儿子，你喜欢的那些童话就是他在这栋阁楼里写出来的。'

"直到这时，我才终于明白父亲为什么会带我参观梵高和安徒生的故居，他是想告诉我：不要在乎过去所过的生活如何贫穷，尽管我们是穷人，身份很卑微，但这丝毫不影响我们以后成为一个有出息的人。"

对于一时的贫穷，我们要坚信，从踏出生命旅程的那一刻起，我们就告别了贫穷，摒弃了过去。抬眼瞻仰前方，只剩下对创造美好未来的期待，风雨兼程，勇往直前，终会换来专属于自己的一片碧朗晴空。

有了孩子，你才能学会做父母；有了过去的经历，你才能学会做自己。信任自己过去所取得的进步，但不要为过去的遗憾喋喋不休。

弘一法师认为："过去，犹如一封信——在你看到详尽内容之前，必须先拆开它。只要知道你心的状况，别因它们而感到高兴或悲伤，不要执着！从过去的失败和胜利中学习很重要，但不要沉浸在其中。

不要让过去的经历分散你现在的精力。偶尔回忆一下是可以的，但不要驻留在回忆中。开车时，如果老是看后视镜，你会看不到前方的路。如果你需要从过去的经历中学习，过去的经验自然会出现。不要刻意寻找它们，它们会主动找上门。

6.莫设心囚，遗忘过去的痛苦

世界上最难攻破的不是那些坚固的堡垒和城池，而是自己为自己编织的"心理牢笼"。因此，要想摆脱困境，走上成功的道路，就必须勇敢地冲出"心理牢笼"。

一个人在他25岁时因为被人陷害，在牢里待了10年。后来沉冤昭雪，终于走出了监狱。出狱后，他开始了几年如一日的反复控诉、咒骂："我真不幸，在最年轻有为的时候遭受冤屈，在监狱度过了本应最美好的一段时光。监狱简直不是人待的地方，狭窄得连转身都困难，唯一的细小窗口也几乎看不到阳光，冬天寒冷难忍，夏天蚊虫叮咬……真不明白，上帝为什么不惩罚那个陷害我的家伙，即使将他千刀万剐，也难解我心头之恨！"

75岁那年，在贫病交加中，他卧床不起。弥留之际，牧师来到他的床边对他说："可怜的孩子，去天堂之前，忏悔你在人世间的一切罪恶吧。"

牧师的话音刚落，病床上的他便声嘶力竭地叫喊了起来："我没有什么需要忏悔的，我需要的是诅咒，诅咒那造成我不幸命运的人！"

牧师问:"你因受冤屈在监狱待了多少年?离开监狱后又生活了多少年?"

他恶狠狠地将数字告诉了牧师。

牧师长叹了一口气,说:"可怜的人,你真是世上最不幸的人,对你的不幸,我真的感到万分同情和悲痛!他人囚禁了你区区10年,而当你走出监狱本应获取永久自由的时候,你却用心底的仇恨、抱怨、诅咒囚禁了自己整整40年!"

现实生活中,有不少人和故事中的主人公一样,给自己编织了一个"心理牢笼":别人做得不对,就一味地诅咒、憎恨;自己做错了一丁点事情,就念念不忘,责备自己的过失;有些人总是唠叨自己的坎坷往事、身体疾病,或抱怨自己的不平遭遇和生活苦难;有些人还喜欢把自己不懂的事情塞满脑袋,把一些不相干的事与自己联系在一起,从而产生了一些不必要的心理障碍。殊不知,对那些过去的往事、不平的经历,或想不明白的事情,一味地责怪和抱怨是于事无补的。如果总是对想不通、想不开的事情患得患失,就很容易使自己失去判断力,最后被囚禁的就是自己的整个人生。

人一旦把自己囚禁在"心狱"之中,哪还有时间去追求丰富多彩的人生呢?

一个人在成长、成熟的过程中,难免会遭受来自社会、家庭的议论、否定、批评和打击,面对这些,有些人奋发向上的热情慢慢冷却,逐渐丧失信心和勇气,对失败惶恐不安,变得懦弱、狭隘、自卑、孤僻,害怕承担责任,不思进取,不敢拼搏。事实上,他们不是输给了外界压力,而是输给了自己。因为怕跌倒,所以走得胆战心惊、亦步亦趋;因为怕受伤害,所以把自己裹得严严实实。殊不知,我们在封闭自己的同时,也封闭了自己丰富多彩的人生。

很多时候，影响一个人幸福的，并不是物质的贫乏和丰裕，而是一个人的心境。如果把自己的心浸泡在后悔和遗憾的旧事中，痛苦必然会占据整个心灵。

令人后悔的事情在生活中经常出现：许多事情做了后悔，不做也后悔；许多人遇到后悔，错过了更后悔；许多话说了后悔，不说也后悔……人生没有回头路，也没有后悔药，过去的已经过去，再也无法重新设计。后悔，只会消弭未来的美好，给未来的生活增添阴影。

只要你心无挂碍，什么都看得开、放得下，何愁没有快乐的春莺在啼鸣？何愁没有快乐的泉溪在歌唱？何愁没有快乐的白云在飘荡？何愁没有快乐的鲜花在绽放？所以，放下就是快乐。不被过去纠缠，人生才能幸福。

7.没有过不去的事，只有放不下的心

我们常说：命里有时终须有，命里无时莫强求。但事到临头，我们不是倒向"莫强求"的消极念头，就是倒向"不松手"的执着顽固。

从前，在一片茫茫的沙漠中有一个小村子，村中的人们守着一片绿洲过了几千年。偶尔，当沙漠中风沙四起，或者绿洲干涸时，村里的人便会遭受巨大的折磨。一代又一代的人抱怨着上天的不公平，却从未尝试从这里走出去，他们一直留在原地，并且固执地相信这片沙漠是走不出去的。

有一天，村子里来了一位云游四方的老禅师，人们围住他劝他不要再继续往前走了，他们说："这片沙漠是走不出去的，我们祖祖辈辈都在这里，你就不要再去冒险了！"

老禅师问："你们在这里生活得幸福吗？"村民们说："虽然环境有些险恶，但也没有什么不可忍受的。没有幸福，也没有不幸福。"

老禅师又问："那么你们有没有尝试走出这片沙漠呢？你们看，我不是走进来了吗？那就一定能走出去！"村民们反问："为什么要走出去呢？"老禅师摇摇头，拄着拐杖继续上路。他白天休息，晚上看着北斗星赶路。三天三夜之后，他走出了村民们几千年也没有走出的沙漠。

村民们接受了命运的安排，默默地承受着恶劣环境的折磨，甚至没有动过改变这种现实的念头，几千年来日复一日地过着相同的日子。"哀其不幸，怒其不争"，老禅师之所以摇头也正是为此。

正如弘一大师劝解世人时所说的那样："世界上，根本没有过不去的事，只有过不去的心。"有时候，过不去的心表现为不去努力争取本来可以做到的事，而是随波逐流，空耗余生；还有时候，过不去的心表现为不愿意放弃我们曾经拥有的东西，比如财富、爱情……

尘世间的一切，都是无数因缘聚合而成的，我们既要有追求的勇气，也要有懂得放手的睿智。美国神学家尼布尔有一句著名的祈祷词："上帝，请赐给我们胸襟和雅量，让我们平心静气地去接受不可改变的事情；请赐给我们力量去改变可以改变的事情；请赐给我们智能，去区分什么是可以改变的，什么是不可以改变的。"

当你碰到突如其来的灾难时，如果已成事实，那就坦然、从容地接受它。接受现实并不等于束手接受所有的不幸，只要有任何可以挽救的机会，我们就应该奋斗。

8.得之我幸，失之我命

人生总是有得有失，有的人很贪心，想把一切都攥在手里，失掉了任何一样都会变得不开心，这是因为没有参透得失的本质。

我们在得失之间要有一颗平常心，以"得之我幸，失之我命"的坦然去乐观面对整个人生。

有一天，无德禅师正在院子里锄草，迎面走过来三位信徒。

信徒们先是向他施礼，然后说："人们都说佛教能够解除人生的痛苦，但我们信佛多年，却并不觉得快乐，这是怎么回事呢？"

无德禅师放下锄头，慈祥地看着他们说："想快乐并不难，首先要弄明白人为什么活着。"

甲说："我母亲今年80多岁了，身体不好，我总是担心她离我而去。"

乙说："我要没日没夜地干活，才能够养活一家老小，我感觉很累，一点都不快乐。"

丙说："我今年都快30岁了，却连个功名都没考上，全家就指望我高中，可我却屡屡失败。"

听了三人的诉说，无德禅师停下了手里的活，想了想，说道："难怪你们不快乐，因为你们总是在计较失去的东西，总是在意生活里不好的一面。"

无德禅师先对甲说："你的母亲身体不好，你要好好照顾，可你家上个月不是新添了一个女儿吗？这难道不让你觉得高兴吗？"接着对乙说："你每天工作很累，但你有一份正经的工作，在村子里首屈一指，能跟家人享受天伦之乐，这难道不让人高兴吗？"最后对丙说："村子里每一块匾都是你题的字，你读书最多，识遍天下，纵览古今，这难道不让人高兴吗?"

三人听后都恍然大悟，谢过禅师而去。

有一位哲人说："世界上有两种人，他们的健康、财富以及生活上的各种享受大致相同，结果，一种人是快乐的，而另一种人却得不到快乐。"杭州灵隐寺中有一副对联，"人生哪能多如意，万事但求半称心"。若是因为失去了身外之物而丢掉自己的好心情，那就太得不偿失了。

在人生的道路上，每个人都在不断地累积着令自己烦恼的东西，包括名誉、地位、财富、亲情、人际关系、健康、知识、事业等。这些东西压得人们喘不过气来，失去了原本应该享受的乐趣。

有一个国王，他可以说是上天的宠儿，他有爱他的妻子，有最崇敬他的儿女，还有信任他、听他指挥的士兵，有一国忠于他的人民，他的生活几乎完美得没有一丝遗憾。

有一天，城外来了一个很奇怪的佛陀，这个佛陀衣着破烂，嘴里含混不清地唱着歌，国王很好奇，就叫士兵把他带过来。

等到佛陀被带到国王面前时，脏兮兮的佛陀不再唱歌了，对国王说："国王陛下，您的生活是您上几世修来的福分，然而今我观之，陛下的福分恐怕是快走到尽头了。"

国王非常惊讶，他没想到这个佛陀居然会说出这样的话来，他说："我非常尊敬你，但你不能危言耸听，说些疯话，若是再不停止，我就要处罚你了。"

佛陀笑了笑，说："陛下，您还是执迷不悟啊。"国王非常生气，便让人将佛陀逐出城外。

但从这以后，国王的心理就发生了变化：他变得担惊受怕，惶惶不可终日，他觉得自己随时会死去，会丢掉自己心爱的一切，自己的妻女怎么办？自己的国家怎么办？国家的子民们怎么办？

国王这样思来想去，时常吃不下饭，总是皱着眉头。时间久了，他的心情越来越差，时刻想着这高高的穹顶会不会坍塌下来，一向风调雨顺的国家会不会突然间遭遇洪水或者旱灾，大臣们会不会暴动……

三个月过去了，国王彻底崩溃，变得神志不清。而那个被驱走的佛陀得知这个消息后，只是长叹了一声。

人生最大的障碍和不自在，就是受外界的牵制，对外在虚假地认同而破坏了我们心灵的统一。绝对的本体是超越了时间、空间和因果律的范畴的。"众生由其不达一真法界，只认识一切法之相，故有分别执着之病。"

人们总喜欢羡慕别人拥有自己没有的，却忽略了自己所拥有的。记住，我们每个个体之所以存在于世界上，自有它存在的意义；每一个人都拥有自己的优点和长处，也有自己的缺点和短处。因此，安心做自己的人，才是智慧的人。

㉿㉿㉿ 减压练习

小技巧赶走压力

来看下面几个小技巧，只要你做到了，对你的解压大有裨益。

（1）运用言语和想象放松——通过想象，训练思维"游逛"，如"蓝天白云下，我坐在平坦的草地上""我舒适地泡在浴缸里，听着优美的轻音乐"等，这样可以让你在短时间内放松下来，以便恢复精力。同时，精神上的小憩也能让你觉得安详、宁静与平和。

（2）支解法——把生活中的压力罗列出来，一、二、三、四……写出来以后，你会惊讶地发现，只要你"个个击破"，这些所谓的压力便可逐一被化解。

（3）想哭就哭——医学心理学家认为，哭能缓解压力。心理学家曾给一些成年人测验血压，然后按正常血压和高血压编成两组，分别询问他们是否哭泣过，结果87%的血压正常的人都说他们偶尔有过哭泣，而那些高血压患者却大多数回答说从不流泪。由此看来，将情感抒发出来要比深深埋在心里有益得多。

（4）一读解千愁——在书的世界里遨游时，一切忧愁悲伤都会被抛诸脑后。读书可以使一个人在潜移默化中逐渐变得心胸开阔，气量豁达，不惧压力。

（5）拥抱大树——在澳大利亚的一些公园里，每天早晨都会有不少人拥抱大树。这是他们用来减轻心理压力的一种方法。据称，拥抱大树可以释放体内的快乐激素，令人精神爽朗。而与之对立的肾上腺素，即压抑激素则会消失。

（6）运动消气——法国出现了一种新兴的行业：运动消气中心。中心均有专业教练指导，教人们如何大喊大叫、扭毛巾、打枕头、捶沙发等，做一种运动量颇大的"减压消气操"。在这些运动中心，上下左右皆铺满了海绵，任人摸爬滚打，尽情宣泄。

（7）看惊悚片——英国有专家认为，人们感到工作有压力，是源于他们对工作的责任感。此时，他们需要的是鼓励，是打起精神。所以，与其通过放松技巧来克服压力，倒不如激励自己去面对充满压力的情况，例如去看一场惊悚电影。

（8）闻闻精油——在欧洲和日本风行一种芳香疗法，那些由芳草或其他植物提炼出的精油能通过嗅觉神经，刺激或平复人类大脑边缘系统的神经细胞，对舒缓神经紧张、心理压力很有效果。

（9）穿上称心的旧衣服——穿上一条平时心爱的旧裤子，再套一件宽松衫，你的心理压力不知不觉就会减轻。因为穿了很久的衣服会使人回忆起某一特定时空的感受，并深深地沉浸在对过去如梦般生活的眷恋中，人的情绪也会为之高涨起来。

（10）养宠物——一项心理学试验显示，当精神紧张的人在观赏自己养的金鱼或热带鱼在鱼缸中姿势优雅地游动时，往往会无意识地进入"宠辱皆忘"的境界，心中的压力也会大为减轻。

第二章

倒空恐惧之杯：
不畏挑战，不惧将来

我们唯一恐惧的，是恐惧本身。

——罗斯福

1.心里的恐惧，永远比真正的危险大

每个人的心里都藏着一个名叫"恐惧症"的小魔鬼，它经常会在你不注意的时候偷袭你，让你对这个世界充满恐惧。我们究竟应该怎么做，才能战胜这个魔鬼呢？

麦克·英泰尔是一个平凡的上班族，他在37岁那年做了一个疯狂的决定——放弃薪水优厚的记者工作，把身上仅有的3美元捐给街上的流浪汉，只带了干净的内衣和内裤，由阳光明媚的加州出发，靠搭便车

与陌生人的仁慈，横越美国。他的目的地是美国东海岸北卡罗莱纳州的恐怖角。

这是他精神快崩溃时做的一个仓促决定。某个午后，他忽然哭了，因为他问了自己一个问题：如果有人通知我今天死期到了，我会后悔吗？答案竟是那么肯定。虽然他有不错的工作，有美丽的女友，有至亲好友，但他发现自己这辈子从来没有下过什么赌注，平顺的人生没有低谷，也没有高峰。他为自己懦弱的前半生而哭。一念之间，他选择了北卡罗莱纳州的恐怖角作为最终目的地，借以表达他征服生命中所有恐惧的决心。

他进行了一番自我检讨，很诚实地为自己的恐惧开出了一张清单：从小他就怕保姆、怕邮差、怕鸟、怕猫、怕蛇、怕蝙蝠、怕黑暗、怕大海、怕城市、怕荒野、怕热闹又怕孤独、怕失败又怕成功、怕精神崩溃……他无所不怕，却"英勇"地当了记者。

这个懦弱的37岁男人上路前还接到了老奶奶的一张纸条："你一定会在路上被人强暴。"

最终，他成功了，4000多英里路，78顿餐，仰赖82个陌生人的仁慈。

途中，他没有接受过任何金钱的馈赠，在雷雨交加中睡在潮湿的睡袋里；也有几个像公路分尸案杀手或抢匪的家伙使他心惊胆战；在游民之家靠打工换取住宿；住过几个陌生的家庭；碰到过患有精神疾病的好心人。最后，他终于到达了恐怖角，接到了女友寄给他的提款卡（他看见那个包裹时恨不得跳上柜台拥抱邮局职员）。他不是为了证明金钱无用，只是想用这种正常人难以忍受的艰辛旅程来鼓励自己面对所有的恐惧。

恐怖角到了，但恐怖角并不恐怖。原来，"恐怖角"这个名称是由一位16世纪的探险家取的，本来叫"Cape Faire"（普费尔），被讹写为"Cape Fear"，只是一个失误。

麦克·英泰尔终于明白:"这名字的不当,就像我自己的恐惧一样。我最大的耻辱不是恐惧死亡,而是恐惧生命。"

在人生的道路上,许多人因害怕失败而不敢"轻举妄动",这种恐惧的心理使他们丧失了成就未来的大好时机。

有一处地势险恶的峡谷,涧底奔腾着湍急的水流,而所谓的桥则是几根横亘在悬崖峭壁间光秃秃的铁索。

一行四人来到桥头,一个盲人、一个聋子,以及两个耳聪目明的正常人。四个人一个接一个地抓住铁索,凌空行进。

结果呢?盲人、聋子过了桥,一个耳聪目明的人也过了桥,另一个则跌下了深渊。

难道耳聪目明的人还不如盲人、聋人吗?是的,他的弱点正在于他的耳聪目明。

盲人说:"我眼睛看不见,不知山高桥险,只是心平气和地攀索。"

聋人说:"我耳朵听不见,不闻脚下咆哮怒吼,恐惧相对少很多。"

那个过了桥的耳聪目明的人则说:"我过我的桥,险峰与我何干?激流与我何干?只管注意落脚稳固就够了。"

佛说:"担心做出愚蠢的事,本身就是最愚蠢的事。丧失钱财,损失不大;丧失名誉,损失不小;丧失健康,损失惨重;丧失勇气,一无所有。我们心中的恐惧永远比真正的危险大得多。"

2.敲门就进去，试试又何妨

其实，人人都是天生的冒险家。有研究指出，人类从出生到5岁之间，是冒险最多的阶段，学习的能力远比往后数十年更强、更快。试想，一个不到5岁的幼儿整天置身于从未经历过的环境中，要不断地自我尝试，学习如何站立、走路、说话、吃饭等。这个阶段的幼儿，无视跌倒、受伤，一切冒险皆视为理所当然，也因为如此，幼儿才能茁壮成长。反而是长大之后，经历过很多事情，人变得越来越胆小，越来越不敢尝试冒险。

这是因为，在不断尝试后，大多数人根据过往的经验得知怎么做是安全的、怎么做是危险的，如果贸然从事不熟悉的事，很可能会对自己产生莫大的威胁。所以，年纪越大的人通常越讨厌改变，喜欢安于现状，因为这样比较安全。

行为学家把这种心态称为"稳定的恐惧"，意思是说，因为害怕失败，所以恐惧冒险，结果"观望"了一辈子，始终得不到自己想要的东西，殊不知，凡是值得做的事多少都带有风险。万事开头难，一定不要被这第一步吓到，越看似不可能的事，你越胆怯，它就会变得越不可能实现。只有勇敢地迈出第一步，以后的路才会走得轻松自如。

一个女孩经历了诸多挫折，始终没有找到一个成功的入口。迷茫的她给自己放了个假，带着沮丧的心情去美国旅游。

一天，她在旧金山市政厅参观的时候，难得兴致高涨，信步漫游。不知不觉来到市长办公室的门口，她不假思索地敲了门，不料一个壮实威严的保镖走了出来，惊问道："小姐，我能帮你什么吗？"她愣住了，一时不知该怎么回答，顿了几秒钟，心想：既然敲了门，那就进去看看吧。于是，她精神十足地对保镖说："我能进去看看市长吗？"

保镖上下仔细打量了她一番，说道："你得稍等片刻。"说罢，他和市长通话，确定见面的时间和地点。不一会儿，市长便走了出来，很高兴地和她一起聊天、拍照，就像一对早已认识的忘年交。

那一天是她旅行中最开心、感觉最好的一天，因为她悟出了一个道理：敲门就进去。

结束了美国之行后，她顺着自己的感觉义无反顾地走下去，终于找到了成功的入口，成为了国内某知名证券公司银行部的经理。

当你遇上害怕做的事情时，只要敢试一试，就会觉得事情并没有你想象的那么可怕。

云居禅师每天晚上都要去荒岛上的洞穴坐禅。有几个爱捣乱的年轻人藏在他的必经之路上，等禅师过来的时候，一个人从树上把手垂下来，扣在禅师的头上。年轻人原以为禅师会被吓得魂飞魄散，哪知禅师任年轻人扣住，静静地站立不动。年轻人反而被吓了一跳，急忙将手缩回。此时，禅师若无其事地走了。

第二天，他们几个一起到云居禅师那儿去，向禅师问道："大师，听说附近经常闹鬼，有这回事吗？"

云禅师说："没有的事。"

"是吗？我们听说有人在晚上走路的时候被魔鬼按住了头。"

"那不是什么鬼，而是村里的年轻人。"

"为什么这样说呢？"

禅师答道："因为魔鬼没有那么宽厚暖和的手呀。"他紧接着说，"临阵不惧生死，是将军之勇；进山不惧虎狼，是猎人之勇；入水不惧蛟龙，是渔人之勇；和尚的勇是什么？就是一个字：'悟'。连生死都已经超脱，怎么还会有恐惧感呢？"

怕了一辈子鬼的人，一辈子也没见过鬼，只是在自己吓自己。

有时候，我们不敢学外语，不敢学小提琴，不敢下水学游泳，不敢在课堂上提问，不敢上台讲演，明知这件事不对也不敢说个"不"字……这种种不敢，其实都是我们自己给自己设下的无形障碍，也正是这种无形的障碍，使我们裹足不前，错过了许多本来应该去做而且能够做好的事。

战胜内心的恐惧和胆怯，并不像你想象的那么难，敲门就进去就可以了。长时间的坚持固然重要，但接近终点时，一念之间的决断更为关键。

3.每个人，每一天都面临着冒险

自有文字记载以来，冒险总是和人类紧紧相连。虽然火山喷发时所产生的大量火山灰掩埋了整个城镇，虽然肆虐的洪水冲走了房屋和财产，但人们仍然愿意回去重建家园，继续生活。飓风、地震、台风、泥石流等自然灾害都无法阻止人类一次又一次勇敢地面对重建家园可能遇到的危险。

当我们过马路的时候，会有被车撞到的危险；当我们在海里游泳的时候，也同样有着被卷入逆流或激浪的危险。尽管统计数字表明，坐飞机比乘汽车要安全一些，但我们的每一次飞行仍然有风险。事实上，我们总是处于这样那样的冒险境地，因为我们别无选择。我们必须穿过马路才能走到另一边去；我们也必须依靠汽车、飞机或轮船之类的交通工具，才能从一个地方到达另一个地方。

"千万要小心谨慎从事"，许多人都是在这样一种敦促、提醒、告诫的语言环境中长大的。正因为周围环境时时刻刻存在着这样的善意提醒，使得一般人很难挣脱原有束缚去冒险一番。

日本三洋电机的创始人井植岁男讲过这样一个真实的故事。

一天，他家的园艺师对他说："社长先生，我看您的事业越做越大，而我却像树上的蝉，一生都坐在树干上，太没出息了，您教我一点创业的秘诀吧。"

井植点点头说："行！我看你比较适合园艺工作。这样吧，在我工厂旁有2万坪空地，我们合作来种树苗吧。"

"树苗1棵多少钱能买到呢？"

"40元。"井植说，"100万元的树苗成本与肥料费用由我支付，以后3年，你负责除草施肥。3年后，我们就可以收入600多万元的利润，到时，我们一人一半。"

听到这里，园艺师却拒绝说："哇，我可不敢做那么大的生意！"

最后，他还是在井植家中栽种树苗，按月拿工资，白白失去了致富良机。

有些人从来没想过给自己打工，因为那"太冒风险了"，接受大公司的职位是他们的选择，似乎其中不存在某天被解雇的风险。但他们错误地估计了这项职业，有朝一日，大多数人会从他们的职位上消失。

工作和生活永远是变化无穷的，我们每天都面临着改变，新的产品和新的服务不断上市，新科技不断被引进，新的任务被交付，新的同事，新的老板……这些改变，也许微小，也许剧烈，但每一次改变都需要我们调整心情，重新适应。

改变，就意味着对某些旧习惯和老状态的挑战，如果你紧守着过去的行为和思考模式，并且相信"我就是这个样子"，那么，尝试新事物就会威胁到你的安全感。

如果你根本没有仔细想过去冒险，那你就只能待在原地，安于现状，既不后退，也不前进。

有成功的欲望，却不敢冒险，怎么能够实现伟大的目标？冒险与收获常常是结伴而行的。风险和利润的大小是成正比的，巨大的风险能带来巨大的效益。险中有夷，危中有利，要想有卓越的成果，就要敢冒风险。

划时代的探险行为不会经常发生，也不是每一个探险家都能碰到有利的机遇。冒险精神不是探险行动，但探险行动必须拥有足够的冒险精神。没有这一点，成功就与你无缘。

4.失败，是走上更高地位的开始

失败，意味着以前的努力将付诸东流，意味着一次机会的丧失，所以，没有人愿意失败，但失败却是不可避免的。所有人都存在谈败色变的心理，然而，若从不同的角度来看，失败其实是一种必要的过程，也是一种必要的投资。数学家习惯称失败为"或然率"，又称"概率几率"，科学家则称之为"实验"，如果没有前面一次又一次的"失败"，哪里有后面所谓的"成功"？

被誉为全美最有革新精神的3M公司，也非常赞成并鼓励员工冒险，任何新的创意都可以尝试，即使在尝试后是失败的。虽然每次失败的发生率高达60%，但3M公司仍视此为员工不断尝试与学习的最佳机会。

3M坚持的理由很简单，失败可以帮助人再思考、再判断与重新修正计划，而且经验显示，通常重新检讨过的意见会比原来的更好。

美国人做过一个有趣的调查，发现在所有企业家中，平均有三次破产的记录。即使是世界顶尖的一流选手，失败的次数也丝毫不比成功的次数"逊色"。例如，著名的全垒打王贝比·鲁斯，同时也是被三振最多的纪录保持人。

失败并不可耻，不失败才是反常，重要的是面对失败的态度，是能反败为胜，还是就此一蹶不振？杰出的企业领导者绝不会因为失败而怀忧丧志，他们会回过头来分析、检讨、改正，并从中发掘重生的契机。

失败是走上更高地位的开始。许多人之所以能获得最后的胜利，正是受惠于他们的屡败屡战。没有遭遇过大失败的人，反而不知道什么是大胜利。若能把失败当成人生必修的功课，你会发现，大部分失败都会给你带来一些意想不到的好处。

犹太人说，这世界上卖豆子的人应该是最快乐的，因为他们永远不必担心豆子卖不完。

犹太人为什么不怕豆子卖不完？

豆子卖不完，可以拿回家磨成豆浆，再拿出来卖给行人；豆浆卖不完，可以制成豆腐；豆腐卖不成，变硬了，就当作豆腐干来卖；若豆腐干卖不出去，那就把这些豆腐干腌起来，变成腐乳。

还有一种选择是：卖豆人可以把卖不出去的豆子拿回家，加上水让豆子发芽，几天后就可改卖豆芽；豆芽如卖不动，就让它长大些，变成豆苗；如豆苗还是卖不动，那就再让它长大些，移植到花盆里，当作盆景来卖；如果盆景卖不出去，那就把它移植到泥土中，让它生长，几个月后，它就会结出许多新豆子。如此，一颗豆子变成了上百颗豆子，这是多划算的事啊！

一颗豆子在遭遇冷落的时候，可以有无数种精彩的选择，人也可以如此。

人生总免不了要遭遇这样或者那样的失败，确切地说，我们每天都在经受和体验各种失败。面对失败，我们往往会采取习惯的对待失败的措施和办法——或以紧急救火的方式扑救失败，或以被动补漏的办法延缓失败，或以收拾残局的方法打扫失败，或用引以为戒的思维总结失败……当我们失败时，如果能够静下心来，坦然面对，换一个角度去思考，那么在我们从另一个出口走出去时，就有可能看到另一番天地。

5.切断一切退路，就一定能找到出路

只有一条路可走的人往往是最容易成功的人，因为别无选择，所以他们会倾尽全力朝目标冲刺。

小民是一位留学美国的中国学生。毕业后，为了解决生存问题，他什么苦活累活都干过，在餐馆刷盘子，在路上发传单，帮别人打字，但这些工作收入微薄，只能让他勉强糊口。

一天，在唐人街一家餐馆打工的他，看见报纸上刊登了一个公司要招聘线路监控员的信息，一看和自己专业对口，薪资待遇也很吸引人，于是，小民做足了准备去应聘。过五关斩六将后，他进入了最终的面试。当招聘主管出人意料地问他："你有车吗？你会开车吗？我们这份工作经常要外出，但公司的车辆有限，所以我们会优先考虑有车的人。"

小民当场就蒙了，自己只是一个穷学生，怎么会有车呢？开车更是不会啊！但为了争取到这个工作，他不假思索地回答："有！会！"

"很好，那四天后你开车来上班吧。"主管说。

此时，小民已没有退路，他要么放弃这份工作，要么硬着头皮上阵。最终，他豁出去了，在一个朋友那儿借了一些钱，买了一辆二手车，开始了自己紧迫的学车历程。第一天，他跟朋友学习了简单的驾驶技术；第二天在朋友屋后的大草坪上进行模拟练习；第三天，他歪歪斜斜地开着车上了公路；第四天，他居然就开着车去公司报到了。

如果想要找到出路，没有坚定的信念是不行的。我们必须放开手脚，大胆去做，才能克服所有的不可能。小民凭着自己的胆识，勇敢地斩断了自己的退路，让自己置身于命运的悬崖边上。正是这种退无可退的境地，激起了他奋勇向前的精神，让他争取到了这个难得的机会。

对自己容忍，就是对自己的残忍。很多时候，只有将自己逼上梁山，才能找到出路。欢腾的小溪因为没有退路，所以从高处流向低处，直到汇入大海；雄健的苍鹰因为没有退路，所以从断崖飞向低谷，直到驰骋天穹；稚嫩的幼芽因为没有退路，所以从地下钻出地面，直到沐浴春雨……人生没有退路，我们才会更加努力地去探寻出路。

生活中，退路就是在为不成功找借口，在经历失败后，它就成了堂而皇之的退缩理由。当你为自己留后路时，你就在失败上投下了一枚筹码，你的信心就已经削减了一半。关键时刻，有破釜沉舟的勇气的人，才能给自己创造一个向生命高地冲锋的机会。

6.最糟也不过是从头再来

最糟糕的事是什么？损失金钱，失去爱情，离别亲人，遭人陷害，还是被病痛折磨得生不如死？不，这些都不是最糟糕的事，只要你的生命尚存一口气息，只要你还活在这个世界上，你就没有理由抱怨自己的现状太糟。

人的一生是一段漫长的路程，要用平常心去看待人生中的起落，不能因为一次得失就断定一生的成败。换个角度看，失败未必是坏事。没有昨天的失败，未必会有今天的成功。人生最大的敌人是自己，只有敢于承认失败、敢于从头再来的人，才能最终战胜自己，战胜命运。面对失败，没什么可抱怨的，从哪里跌倒，就从哪里爬起来。

丁一，江苏南通人，1981年从江苏海门师范学校音乐系毕业。在学校的时候，她和室友共同勤工俭学，勤劳致富。在四年大学生活中，她们卖过水果，推销过小饰品，开过咖啡厅。最开始的时候，她们不好意思和别人讨价还价。经过几次历练，终于放下了所谓的"面子"，跑去批发市场批了两次葡萄到马路上叫卖，变得"胆大皮厚"。

毕业后的丁一被分配到市重点中学教书，因为是音乐老师，课余时间比较多,于是,她开始边工作边创业。丁一将学校附近的一个废弃厕所改造成了服装店。风里来雨里去,靠着自己的吃苦和勤劳,丁一在两年时间里赚到了15000元。

两年后,丁一来到了一个新的城市——南京。她看到一所大学附近的舞厅濒临倒闭,便把舞厅盘了下来。为了吸引顾客,她打出"教授免费、学生半价"的招牌,虽然每天的顾客不少,但由于大部分都是学生,所以半价招牌让丁一只赔不赚,不到几个月就把以前做服装生意赚的钱全都赔了进去。

这次打击让丁一回到了起点,但她没有灰心,仍然在留心着身边的机会。当从一位亲戚那儿得知台湾特殊金属网有限公司董事长王根清先生准备将自己的产品销往内地,想在上海、南京地区聘请总代理的消息后,丁一立刻争取,很快拿到了这个公司在内地的销售总代理权,并将公司销售总部设在了上海。这样,丁一于1988年11月来到上海,开始了又一次创业。

6年后,她拿出全部积蓄,和台湾特殊金属网有限公司合资成立了上海宏鑫金属工业有限公司,生产不锈钢金属网。废寝忘食的丁一几乎每天都待在工厂,和工人一起工作到深夜。功夫不负有心人,这次创业终于取得了成功。目前丁一已是7家企业的董事长,业务涉及房地产、金属、服装、纳米高科技等多个行业。

大多数人都失败过,一些人越战越勇,排除万难迎来了成功;而另外一些人却从此一蹶不振,陷入平庸的泥沼。其实,所有的不幸都不可怕,可怕的是我们丧失了斗志,失去了面对的勇气。只要我们的生命还在,跌倒了就爬起来,所有的伤痛都可以痊愈。

有一首诗写道:"白云跌倒了,才有了暴风雨后的彩虹。夕阳跌倒了,才有了温馨的夜晚。月亮跌倒了,才有了太阳的光辉。"在坚强的生命面前，失败不是摧残，也不是对时间和生命的浪费，而恰恰是给了你一个重新开始的理由和机会。

一次演讲中，面对台下众多观众，演说者手里高举着一张50元的钞票问道："谁要这50元钱？"一只只手举了起来。

他接着说："我打算把这50元钱送给你们当中的一位，在这之前，请准许我做一件事。"说完便将钞票揉成一团，然后问："谁还要？"仍有人举起手来。他又说："那么，假如我这样做呢？"他把钞票扔到地上，并用脚用力碾它。而后，他拾起钞票，钞票已变得又脏又皱。"现在谁还要？"还是有人举着手。

"朋友们，你们已经上了一堂很有意义的课。无论我如何对待这张钞票，你们还是想要它，因为它并没贬值。"

在人生路上，我们又何尝不是那"50元"呢？无论我们遇到多少艰难困苦或是失败受挫多少次，我们还是我们，并不会因为一次失败而失去固有的实力和价值。

无论发生了什么，或将要发生什么，我们永远不会失去自己原有的价值。只要抱着大不了从头再来的勇气，下次的成功就一定属于你。

7.受苦的人没有悲观的权利

大哲学家尼采说过："受苦的人，没有悲观的权利。"已经受苦了，为什么还要被剥夺悲观的权利呢？因为受苦的人必须克服困境，悲伤和哭泣只能加重伤痛，所以不但不能悲观，还要比别人更积极。

任何一条通向成功的道路都不会一帆风顺、平平坦坦，或多或少都会走些弯路。经历过一次又一次跌倒，人们才能为成功找到出路。

生活中，每个人都会面临失败的考验。成功者也会失败，但他们之所以是成功者，是因为他们失败了以后，不是为失败而哭泣，而是从失败中总结教训，并勇敢地站起来，再接再厉。

失败者则不然。他们失败之后，不是积极地从失败中总结教训，而是一蹶不振，始终生活在失败的阴影里。他们可能也会总结，但他们的总结只限于曾经失败的事情："我当初要是不那么做就好了。""我开始要是这么做就不会失败了。"或找出种种借口为自己的过错开脱责任。

美国生理学家谢灵顿年轻时曾不务正业，人们称他"坏种"。开始，他并不以为耻，毫无悔过之心。可有一次，他向一位他深深爱慕的女孩求婚，那女孩儿说："我宁愿投河淹死，也绝不嫁给你！"

听了这话，谢灵顿觉得无地自容，羞愧万分。他从此幡然悔悟，发誓将以辉煌的成就出现在人们面前。之后，他努力学习，刻苦钻研，在中枢神经系统生理学方面硕果累累，先后在英国多所名牌大学任教，并于1932年获诺贝尔医学奖。

成功和失败之间，往往只有一线之隔。如果你能正确地认识到自己的不足，并加以更正，最后的胜利就一定会属于你。

美国著名电台广播员莎莉·拉菲尔在她30年职业生涯中，曾经被辞退18次，可她每次都放眼最高处，确立更远大的目标。

最初，由于美国大部分无线电台认为女性不能吸引观众，所以没

空杯心态
做自己的减压教练

有一家电台愿意雇用她。她好不容易在纽约的一家电台谋求到一份差事，不久又遭辞退，说她跟不上时代。莎莉并没有因此而灰心丧气，她总结了失败的教训之后，又向国家广播公司电台推销她的节目构想。电台勉强答应了，但提出要她先在政治台主持节目。"我对政治所知不多，恐怕很难成功。"她一度非常犹豫，但坚定的信心促使她去大胆地尝试。她对这份工作早已轻车熟路，于是，她利用自己的长处和平易近人的性格，大谈即将到来的7月4日国庆节对她自己有何意义，还请观众打电话来畅谈他们的感受。听众立刻对这个节目产生了兴趣，她也因此而一举成名。

如今，莎莉·拉菲尔已经成为自办电视节目的主持人，曾两度获得重要的主持人奖项。她说："我被人辞退18次，本来可能会被这些厄运吓退，做不成我想做的事情。但结果正好相反，我让它们鞭策我勇往直前。"

若总把眼光拘泥于挫折的痛感上，就很难再抽出身来想一想自己下一步如何努力，最后如何成功。

一个拳击运动员说："当你的左眼被打伤时，右眼还得睁得大大的，才能够看清敌人，也才能够有机会还手。如果右眼同时闭上，那么不但右眼也要挨拳，恐怕连命都难保！"

人生又何尝不是这样呢？

成功者和失败者非常重要的一个区别就是：失败者总是把挫折当成失败，因此，每次挫折都会动摇他胜利的信念；而成功者却从不言败，在一次又一次挫折面前，他总是对自己说："我不是失败了，而是还没有成功。"一个暂时失利的人，只要他继续努力，那么他今天的失利就不是真正的失败；相反，如果他失去了再战斗的勇气，那就是真输了。

8.人生自古谁无死

如同大自然的花开花落，人的生死就像白天和黑夜一样平淡无奇。"死"是万物新陈代谢的必然结果，是不可抗拒的自然规律。

因为人有感情，所以，古往今来，人们总是为生离死别而哀伤悲泣。然后，"人有悲欢离合，月有阴晴圆缺"，对于这一点，陶渊明就非常豁达，所以，他能一语道破生死的问题："亲戚或余悲，他人亦已歌。死去何所道，托体同山阿。"

对于死亡，过度恐惧反而有损身体，明智的态度就是顺其自然。真正的修炼者，因为洞悉了永恒的真理与生命的真相，能够逐步看淡生死，所以对死亡不会心存恐惧。

许多长寿名人，对死亡都有着大度的乐观心态。

著名佛学家、爱国宗教领袖赵朴初就对生死看得很透，他在病床上写下了这样的诗句："生固欣然，死亦无憾。"字里行间都展现了他纯情超然的心灵境界。

南京大学一百多岁的博士生导师郑集，也专门写有《生死辩》："有生即有死，生死自然律。"这是一个百岁老人对死亡的坦然。

著名作家孙犁晚年自作无题诗："不自修饰不自哀，不信人间有蓬莱。冷暖阴晴随日过，此生只待化尘埃。"表现了他对死亡的超然大度。

想要看淡生死，达到视死如归的境界，确实不是一件容易的事。历史上有两种人做到了这一点：一种是在修行中历尽劫难沧桑，参透生死，对人生已经大彻大悟；另一种是胸怀高远大志，心有精神大义而能置生死于度外。

周恩来对死亡的态度非常理性，也非常超脱。他认为，死亡是人生的自然法则，有生必有死，有始必有终。一个人应当不怕死。如果打起仗来，要死就死在战场上，同敌人拼到底，那是死得其所；如果没有战争，就要努力进取，拼命工作，鞠躬尽瘁，死而后已。

1975年9月，在一次外交活动中，话题自然地转到了周恩来的健康上来，他开玩笑地说："马克思的'请帖'，我已经收到了。这没有什么，这是不以人的意志为转移的自然法则。"

周恩来不害怕死亡，不企求生命的重复，他唯愿有限的生命能够迸发出最大的光和热。如果把周恩来的人生观归结为一点，那就是"尽心尽力"。只要是有义务、有能力去做的，他就一定会去做。周恩来总理就像一台不断运转的"机器"，将身体和精神之力发挥到了极致，正如他所敬佩的诸葛亮一样，鞠躬尽瘁，死而后已。

孔子谓"杀身成仁"；孟子曰"舍生取义"；司马迁认为"人固有一死，或重于泰山，或轻于鸿毛"。对死亡的态度就是对生的态度的反证。惧怕死亡的人往往在生活中患得患失，忧虑重重；而不怕死亡的人则乐观进取，力争在有限的生命中创造出无限的事业。

人的生命同世间的一切生物一样，一旦死亡就不可能再次复生。因此，轻视或浪费生命是不可原谅的错误。在死神召唤之前，我们应充实地过好每一天。

莎士比亚一段名言："懦夫在未死以前，就已经死过好多次；勇士一生只死一次。在我所听到过的一切怪事之中，人们的贪生怕死是一件最奇怪的事情，因为死本来是一个人免不了的结局，它要来的时候谁也不能叫它不来。"所以，面对死亡，我们要顺其自然，把死亡看成是人生的必然"归宿"。既然死亡不可避免，那就应该在有限的岁月里，让生活充满阳光。

(减)(压)(练)(习)

不良情绪的自我调节

（1）当你情绪激动时，别忘了做个深呼吸。人们在情绪激动时，容易出现胸闷、呼吸困难、胡思乱想等现象，此时体内的血液运输系统处于呆滞状态，身体极度缺氧，通过加深呼吸，可以增加外界氧气的供给量，提高肌体的运输功能，有效解除胸闷，达到调节心情的功效。此种方法简单易行，任何时候都适用。

（2）当你觉得不愉快的情绪涌上心头时，你不妨将精力转移到那些与这种情绪完全相反的方面上。当你心情压抑、深重时，千万别一个人躺在床上或呆坐在屋内，你可以让外面幽美的风光陶冶你的性情，让开阔的视野排除心头抑郁。事实证明，改变或脱离不利环境，可以使你从不良的情绪中及时解脱出来。

（3）当你受到刺激、遭遇打击时，千万不要把这些负面情绪压抑在心头，要想方设法把它发泄出来。你可以找个合适的场合，以合适的方法发泄一通，以达到排解消极情绪的目的。比如，当你的心情压抑时，你可以去踢足球，将火"发"在它们身上；当你被别人误解而又没有机会解释时，你可以将事情的来龙去脉、前因后果写在日记本上，从"倾诉"中得到慰藉，等等。

（4）当你感到沮丧、气馁、悲观失望的时候，不要怨恨自己、数落自己、责怪自己。你要相信自己可以和别人一样获得事业的成功，得到生活的幸福。你必须坚信，不管发生什么，你都将是幸福的、快乐的。

（5）当一些不愉快的往事萦绕在你的心头，使你难以解脱时，你不妨像清理家里无用的陈旧杂物一样，将头脑中这些记忆垃圾清除出去。这是一种有效控制情绪的好方法，是一种自我保护机制。

（6）自我安慰是改变个人不良情绪的重要方法之一。它以一种未能成立或实现的假设来安慰自己，从而求得心理平衡，非常类似于我们常说的"阿Q精神胜利法"。

（7）必须学会分析不良情绪产生的原因，并弄清楚自己究竟为什么会苦恼、忧愁或愤怒。有些事情确实令人烦恼、气愤，既然如此，我们就要寻找适当的方法和途径来解决它。

（8）有时候，不良情绪靠自己独自调节还不够，还需要借助别人的疏导。当你苦闷的时候，可以把闷在心里的一些苦恼向家人、朋友倾诉，这样，不仅可以排除心头的烦恼，还可以得到他人的帮助。

第三章

倒空焦虑之杯：
别老往坏处想，你会如愿

"现在是最倒霉的时候！"当你说出这句话时，其实还不是最糟糕的时候。

——卡耐基

1.低潮只不过是一时的错觉

当你心情不错时，生活看起来好极了，你有自己的见解和智慧，凡事都不难，就算有问题也很容易解决。心情好的时候，人际关系融洽，沟通也很顺畅，即使遭受批评也能欣然接受。

相反，当你心情不佳时，生活看起来就很糟糕，困难到难以忍受的地步。你会觉得所有事都是冲着你来的，你会误解周围的人，把邪恶的动机归罪到他们的行为上。

可见，情绪是很会骗人的，它时而让你觉得生活很美好，时而又让你觉得很糟糕。

早晨，你和家人正在吃早饭。突然，女儿碰翻了桌上的咖啡壶，你的衣服被弄脏了。衣服是你上班时要穿的，而早上的时间又很紧张，你勃然大怒，指责女儿做事不小心，女儿被吓得哇哇大哭。指责完女儿，你又转而责怪妻子将咖啡壶放得离桌沿太近。于是，夫妻之间开始发生口角。你气冲冲地上楼去换衣服，下了楼，你发现女儿只顾着哭，早饭还没有吃完，又误了学校的班车，而妻子也到了上班的时间，你只好驾车送女儿上学。因为你上班的时间快到了，所以你将车子开得飞快。你因为超速驾车，被警察拦住，一来二去花了一刻钟时间，最后，你交了罚金才得以离开。女儿到了学校后，因为匆忙，没有向你说再见。你到了办公室，已经迟到了20分钟，而且你发现公文包落在家里了。

这一天一开头就不顺，而且事情似乎变得越来越糟糕。你盼着工作早点结束，可当你真的回到家，你又发现你和妻子、女儿之间有了一点隔阂。

那么，这糟糕的一天是怎么引起的呢？咖啡壶引起的？女儿引起的？警察引起的？还是你自己引起的？

答案是你自己。

当咖啡弄脏你的衣服时，你没有控制好自己，你做出反应的这5秒钟导致了你一整天的不顺利。

下面是你的另一种反应——

你的衣服被咖啡弄脏了，女儿正要哭，你柔声说："哦，宝贝儿，不要哭，你只要下一次小心一点就可以了。"你上楼换衣服，同时拿起公文包，你下楼后从家里的窗户看到女儿蹦蹦跳跳地上了学校的班车。

你到办公室时，离上班时间还差5分钟。你愉快地和老板及同事们打招呼，一天都是好心情。

这是一篇题为《你掌控90%的人生》的文章——同样的事件，不同的结果。

为什么呢？因为人生很多事情，事实只占10%，而每个人对事实的反应占了90%。这10%的事实是我们无法控制的，比如汽车抛锚、飞机晚点、天降大雨等。但我们对于这些事实的反应是能控制的，而这才是幸福的决定性因素。

尽管你的出生地、事业的升降沉浮等外在因素不能完全被你掌控，但你可以掌控你自己，你可以选择开心快乐，可以选择凡事往好处想，可以选择知足常乐，等等。

所谓的"祸不单行"，其实就是情绪在作怪。一个人早上心情好的时候，可能会爱他的妻子、他的工作和他的车子，他对前途感到乐观，对过去也心存感激。可到了下午，如果心情不佳，他就会说他痛恨自己的工作，讨厌自己的太太，觉得他的车子是垃圾，而且相信他的事业没有前途。如果你在他情绪低潮的时候问起他的童年，他可能会告诉你，那是一个悲惨的童年，他可能会把目前的困境怪罪在父母的头上。这样迅速而剧烈的落差看来虽然荒谬可笑，但事实就是如此。

当情绪低落的时候，我们会失去平衡，对每件事都很急迫，好像完全忘记了自己以前处理这些事时是多么的游刃有余。但事实并没有这么糟糕，你只是被困在了愤怒的情绪中。此时，你应该学会质疑自己的判断，不妨提醒自己："我当然会有戒心（或感到生气、挫折、紧张、沮丧），我心情不佳嘛！每当这时，我的感觉都很不好。"

如果你的情绪很糟糕，要学会一笑置之，它会随着时间过去的，不必理会。

2.明天的落叶，怎能在今天扫干净

弘一法师在带领弟子禅修时，说过这样一句话："把过去交给过去，把未来交给未来。"这是对"活在当下"这一流行话题的最好诠释，也是开启智慧法门的一条捷径。

那些过去的人和事已经消失在苍茫的人海中、无涯的时间里。当我们屏气凝神，细细品味生活的时候，内心会变得非常宁静，在这份沉静中，我们的执着、妄念将会得到克制。闭目冥想，在千百万年的时间里，在永恒浩渺的宇宙中，每一个生命都是如此细微、脆弱。我们不能改写过去和未来的命运，能做的就是沉静下来，把过去的时光交给过去，把未来的希望留给未来，把我们自己的心灵留在当下，活在当下的每分每秒里。

这是"现在主义"的禅诗："过去是未来，未来是过去，现在是去来，菩萨晓了知。"

在现实世界中，我们常常被时间蒙骗，以为过去的已经过去，未来的一定会来，现在的永远不变。

其实，在时间的脉络中，时间的过去、现在和未来是互相交错、不可分割的，我们唯一能够把握的只有现在。所以，不要牵挂过去，不要担心未来，踏实于现在，便能与过去和未来同在。

有人曾请教弘一法师："有形的东西一定会消失，那么世上会有永恒不变的真理吗？"弘一法师回答："山花开似锦，涧水湛如蓝。"

如锦缎般盛开的鲜花，虽然转眼便会凋谢，但依然不停地奔放绽开；碧玉般的溪水，虽然映照着同样蔚蓝如洗的天空，却每时每秒都在发生着变化。

世界是美丽的,但所有的美丽似乎都会转瞬即逝。这也许会让人伤感,但生命的意义的确在于过程。时间像是一支离了弦、永不落地的箭,是单向的,不能回头,所以我们要把握住今朝,认真地活在当下。能够抓住瞬间消失的美丽,就是一种收获。

从前,有个小和尚每天早上负责清扫寺庙院子里的落叶。清晨起床扫落叶实在是一件苦差事,尤其在秋冬之际,每一次起风时,树叶总是随风飘落。每天早上,小和尚都需要花费许多时间才能清扫完树叶,这让他头痛不已。他一直想找个好办法让自己轻松些。

后来,有个和尚跟他说:“你在明天打扫之前先用力摇树,把即将掉落的树叶统统摇下来,后天就可以不用扫落叶了。”小和尚觉得这是个好办法,于是,隔天他起了个大早,使劲地摇树,觉得这样就可以把今天跟明天的落叶一次扫干净。那一整天,小和尚都非常开心。

可第二天,小和尚到院子里一看,傻眼了:院子里如往日一样落叶满地。这时老和尚走了过来,对小和尚说:“傻孩子,无论你今天怎么用力摇,明天的落叶还是会飘下来的。”

小和尚终于明白了,世上有很多事是无法提前预支的,无论欢乐与愁苦,唯有认真地活在当下,才是最真实的人生态度。

明天的落叶,怎么能在今天全部扫干净呢?再勤奋的人也不能在今天处理完明天的事情,所以,不要预支明天的烦恼,认真地活在今天,比什么都重要。放下过去的烦恼,舍弃未来的忧思,顺其自然,把全部精力用来承担眼前的这一刻,因为失去此刻便没有下一刻,不能珍惜今生也就无法向往未来。

曾有人问弘一法师:“什么是活在当下?”弘一法师回答说:“吃饭就是吃饭,睡觉就是睡觉,这就叫活在当下。”仔细想来,人生最重要的事情不就是我们现在做的事情吗？最重要的人不就是现在和我们在一起的人吗？而人生最重要的时间不就是现在吗？

那些张皇失措的观望、心无定数的期盼，除了妄想以外，几乎不能给人们带来什么快乐，反倒是那些懂得路在脚下的人能够踏踏实实地走好每一步。

一位老禅师带着两个徒弟，提着一盏灯笼行走在夜色中。一阵风吹来，灯笼被吹灭了。徒弟担心地问："师父，怎么办？"师父淡淡地说："看脚下！"

是的，当一切陷入黑暗，后面的来路与前面的去路都看不见、摸不着的时候，我们要做的就是看脚下，看今生。

3.法律不会去管那些小事情

人常常被困在有名和无名的忧烦之中，它一旦出现，人生的欢乐便会不翼而飞，生活中仿佛再没有了晴朗的天，吃饭不香，喝酒没味，干工作没劲，干事业没心，连玩都觉得没意思。这一切，只是因为我们陷入了多余的忧烦之中。

法律界有句名言："法律不会去管那些小事情"。但有的人却偏偏为一些小事忧虑，始终得不到平静。

荷马·克罗伊是个作家。以前他写作的时候，常常会被纽约公寓热水灯的响声吵得焦躁不安,蒸汽会砰然作响,然后又是一阵"吡吡"的声音,而他会坐在他的书桌前气得直叫。

"后来,"荷马·克罗伊说,"有一次我和几个朋友一起出去宿营,当我听到木柴烧得很响时,我突然想到:这些声音多像热水灯的响声,为什么我会喜欢这个声音,而讨厌那个声音呢?我回到家以后,跟自己说:'火堆里木头的爆烈声是一种很好的声音,热水灯的声音也差不多,我该埋头大睡,不去理会这些噪声。'结果,我果然做到了:头几天我还会注意热水灯的声音,可不久,我就把它们整个忘了。"

"很多其他的小忧虑也是一样,我们不喜欢那些,结果弄得整个人很颓丧。只不过因为我们都夸张了那些小事的重要性……"

狄士雷里说过:"生命太短促了,不能再只顾小事。"

"这些话,"安德烈·摩瑞斯在《本周》杂志里说,"曾经帮我捱过很多痛苦的经历。我们常常让自己因为一些小事情,一些应该不屑一顾和忘了的小事情而心烦……我们活在这个世上只有短短几十年,而我们浪费了很多不可能再补回来的时间,去愁一些在一年之内就会被所有人忘了的小事。不要这样,让我们把我们的生活只用在值得做的行动和感觉上,去运用伟大的思维,去经历真正的感情,去做必须做的事情。因为生命太短促了,不该再顾及那些小事。"

平锐克里斯在2400年前说过:"来吧,各位!我们在小事情上耽搁得太久了。"一点也不错,我们的确是这样。

下面是傅斯狄克博士所说过的故事里最有意思的一个——是有关森林里的一个巨人在战争中怎么得胜、怎么失败的故事。

在科罗拉多州长山的山坡上,躺着一棵大树的残躯,自然学家说,它曾经有400多年的历史。初发芽的时候,哥伦布刚在美洲登陆;第一批移民到美国来的时候，它才长了一半大。在它漫长的生命里，曾经被闪电击过14次；400年来，无数的狂风暴雨侵袭过它。它都战胜了它们。但在最后，一小队甲虫攻击这棵树，使它倒在地上。那些甲虫从根部往里面咬，渐渐伤了树的元气。虽然它们很小，但攻击却持续不断。这样一个森林里的巨人，岁月不曾使它枯萎，闪电不曾将它击倒，狂风暴雨没有伤着它，却被一小队用手指就能捏死的小甲虫打败了。

我们岂不都像森林中那棵身经百战的大树吗？我们也经历过生命中无数狂风暴雨和闪电的打击，但都撑过来了，可我们的心却总免不了被忧虑的小甲虫咬噬。

要想解除忧虑与烦恼，记住规则："不要让自己因为一些小事烦心。"

4.不断调整自己的人生航向

有些时候，我们可能正在做一件很熟悉而令人愉快的事。事情进展得很顺利，你的心情也异常轻松，觉得一切都很好。可是，一个偶然的现象或者一闪而过的某个念头，突然使你想起了一件伤心的往事，于是，你的心情在一瞬间变得低落。

接下来，你的情绪越来越不好，心里总是想一些令你感到失落的事。你想避开这种想法，可是不行，越是想忘掉的事，越是清晰、反复地浮现在你的脑海中。这时候，你手里做的事随之缓慢起来，手脚变得不听使唤，明明很熟悉简单的事，你却怎么也做不好。

每个人都会遇到类似的状况，有时它会持续很长一段时间，甚至使你从此再也无法振作起来。很多人对此无可奈何，找不出原因。

其实，这种事并不奇怪，只是我们不怎么注意罢了。

保罗·罗西是意大利足球史上最优秀的中锋之一，有"金童子"之称。他球技高超，在西班牙世界杯上，为意大利队夺冠立下了汗马功劳，当选为第十二届世界杯赛的最佳射手和最佳球员，包揽"金球奖"和"金靴奖"。但这样优秀的球员，在世界杯之后，球技却开始走下坡路，无论是在俱乐部还是在国家队，他都没有了进取的热情，在球队中的作用也日渐减弱，最终在31岁这个球员的当打之年宣布退役。

为什么有的人一下子就消失得无影无踪，有的人却在多年之后仍旧保有其地位，依然才能出众，备受瞩目？他与其他人有何差异？是身体的构造不同？还是在心灵、精神、企图心等方面有所区别？或者说，是一种保持状态的能力在起作用？

实际上，这正是我们应该注意的方向，也就是一个人内心的状态以及企图心。

以拿破仑为例，他拥有坚强不屈的意志，甚至能够控制自己的身体，视情况需要调整睡眠时间。但是，拿破仑后来也脱离了现实，自认为已立于不败之地，把自己看成了神。他忘记成功是由许多条件与历史因素造成的，于是走向衰败。如果他能够倾听别人的声音并加以反省，不断提醒自己不要陷于忘乎所以中，或许就可以免于如此快速地走向没落。

实际上，所有的人都是如此。我们每个人的内心深处都隐藏着想要解放的欲望，这正是驱策我们向前走的强烈动机。但是，一旦在事业、恋爱、艺术、学术等方面获得成功，我们就很容易忘掉是什么原因或靠谁的帮忙才得以成功，就容易放松自己的企图心。

空杯心态
做自己的减压教练

如何适时地调整自己的状态，以使自己适应人生中的各种时期和各种可能出现的意外，是生命中最重要的课题之一。

比如一位作家，在某一段时期里，他会感到有着非常强烈的创作欲望，不断地写出脍炙人口的作品。在写作时，他会觉得思路顺畅，文字像要从脑海里蹦出来一样。这时候他写的东西，优美感人，人物形象栩栩如生，使人读起来不忍释手。

可是，突然有一天，或者在他付出艰辛的努力终于写完一个长篇小说之后，他可能会感到浑身轻松，当他预备写下一个长篇小说时，却发现自己怎么也写不出来，挖空心思写出来的作品连自己也看不下去。

实际上，这是他的状态出现了问题。当然，这同受外界的诱惑而导致的松懈完全不同，而这种状况又往往令人不明不白，难以找到具体的原因。

但这并非绝对不可扭转的，关键是不论在何种状况下，我们都应对自己的环境、心态、工作性质及周围的人的因素有明确的了解，适当地加以调整自己的情绪，改变一成不变的工作方法。这样，才可能扭转颓势，使自己重新找到良好的状态，保持不断进取的势头。

上面的这位作家是因为太投入太紧张地工作和后来突然松懈形成的反差，形成了心理上的疲软和过度紧张。这时候，他只要走出家门，放松自己，一段时间完全不想写作上的事。再次提笔时，他会发现自己的灵感已恢复如初，写作起来也是异常顺利。

这是调整状态的一种方法，即转移注意力。我们在连续工作和过度紧张的情况下，容易造成工作效率及心理情绪的低下，因此有必要转移注意力，让自己的身体和心灵都得到休息、恢复。

而对于另一种人来说，情况则完全相反。这种人是在取得一定的成功后，变得自大、骄傲、自以为是，从而自然放松了进取的主动性和积极性。他们很满足于已经取得的成绩，认为自己用不着再像从前一样艰苦努力和辛勤劳作。因此，他们开始讲究享受，个性也变得狂傲不羁，颐指气使，高高在上。但这种日子不会持续太久，当他突然发现自己坐吃山空，需要重新奋斗时，他会惊慌失措，迫不及待地重操旧业。

显然，这时候的他们已找不到当初劲头十足、游刃有余的感觉，做什么事都会磕磕绊绊，极不顺利。这当然是由于身心的懈怠所致。

善于调整自己的人不会允许自己出现这种松懈。不管取得了什么样的成就，他都能正确面对，心神宁静。他不会为任何的成功沾沾自喜，而忘记追求成功的艰辛和困苦，也不会为一时的挫折垂头丧气，而失去重新战斗的勇气。只有这种人，才不会被历史的洪流所湮没。

记得，要不断调整自己的人生航向，使之在安全、正确的航道上高速前进，一直到达理想的彼岸。

5.不是所有的事情都要立刻解决

面对抉择的时刻，你会做出什么样的选择？是不得不快速挑选一个来面对，还是始终犹疑，难下决定？

一直以来，他都习惯用最直接的方式处理事情，他常常说："现在不立即解决，要等到什么时候？"

的确，碰上了麻烦问题，能当下解决才能早一点走出困境，但他却不知道，不是所有事情都能如愿在当下解决，因为没有人能保证下一秒之后事情不会出现变动，也没有人能把握别人内心真正的想法。

空杯心态
做自己的减压教练

　　每当事情不能当即解决，他就会显得焦躁不安，情绪也会跟着变得较为暴躁。

　　"不可能所有事情都能照着你的意思变化，毕竟，每件事的成因包括了许多非我们能掌控的因素。"朋友们再次劝他处理事情时别那么急躁，但他却说："没什么不能掌控的，这是我选择的解决方式，我一定要把它完成。"

　　听到他如此坚持，朋友们不再多说，问题是，事情无法解决，他的心根本安定不下来，大家每天看见他臭着一张脸出现，谁都不敢惹他，谁也都懒得理睬他。

　　"不是所有的事情都要立刻解决，有些事顺其自然，反而更能得到好的结果。"朋友对他说。

　　"不行！"他坚决否定。

　　"你每天逼着自己要把问题解决，偏偏事情一直未能如你所愿，你继续逼着自己和别人困在其中，也只是让自己更加烦心并惹人厌，问题还是一样不能解决啊！"

　　朋友好心提醒他，但他似乎还是打不开心结，又问："不然我该怎么办？事情搁在那儿看了很碍眼！"

　　如果是你，你会给他什么样的建议？又或者，你也和主角一样，遇上问题便急着解决，立刻换得好结果？

　　生活中有许多事都是急不得的，有些问题虽然可以当下解决，但仍需要时间复原归位。所以，我们在勇敢面对问题的同时，也要有冷静思考的智慧。

　　当事情堆积如山，压力不断加重时，想要在事业上有所成就，在工作与生活中获得平衡与快乐，我们需要的不只是冲劲，还有清明透彻的智慧。任何选择不是后悔便是有憾，但不管是哪一种情况，我们都应当宽心看待这一切,因为,有些时候未做任何选择,也是一个很好的选择。

6.拥有豁达的心境

雨果曾经说过:"世界上最宽阔的是海洋,比海洋更宽阔的是天空,比天空更宽阔的是人的胸怀。"

人生如旅途跋涉,难免会有凄风苦雨相伴,豁达是一种历练后的成熟。古人云:"人生不如意事常八九,可与人言仅二三。"不同的人对于人生的不如意,也有不同的接受方式。有的人会自哀自怜、怨天尤人,豁达的人则会把它当成锻炼自己的机会,并能换个角度去考虑,让所有的不开心都如过眼云烟,一笑而过。

三伏天,禅院的草地枯黄一片。"撒点草籽吧,好难看呀!"小和尚说。

师父挥挥手:"随时。"

中秋,师父买了一包草籽,叫小和尚去播种。

秋风起,草籽边撒边飘。"不好了!好多种子都被吹飞了。"小和尚喊道。

"吹走的多半是空的,撒下去也发不了芽。"师父泰然说,"随性。"

种子刚撒完,就飞来几只小鸟啄食。"糟糕!种子都被鸟吃了!"小和尚急得跳脚。

"没关系,种子多,吃不完。"师父微微一笑说,"随遇。"

空杯心态
做自己的减压教练

半夜一阵骤雨，小和尚早晨冲进禅房："师父！这下真完了！好多草籽被雨水冲走了！"

"冲到哪儿，就在哪儿发芽！"师父摆摆手道，"随缘。"

一个星期过去了，原本光秃秃的地面居然长出了许多青翠的草茵，一些原来没播种的角落也泛出了绿意。

小和尚高兴得直拍手。

师父静然说："随喜。"

只要有一种看透一切的胸怀，就能做到豁达大度。把一切都看作"没什么"，才能在慌乱时从容自如，忧愁时增添几许欢乐，艰难时顽强拼搏，得意时言行如常，胜利时不醉不昏而有新的突破。

只有如此放得开的人，才可能是豁达大度的人。

凡事放得开，不去主动制造烦恼的信息来刺激自己，即使面对一些真正的负面信息、不愉快的事情，也要处之泰然，做到"身稳如山岳，心静似止水""任凭风浪起，稳坐钓鱼台"。这既是一种坚守目标、排除干扰的良策，也是一种豁达的表现。一个人假如处处在琐事中纠缠不休，就容易被小事所累，一生也必将一事无成。当然，放开并不等于逃避现实、麻木不仁，也不是看破红尘后的精神颓废和消极遁世，而是在奔向人生大目标途中所采取的一种洒脱、飘逸的生活策略。

人生有顺境逆境、高低起伏，是否豁达往往能在关键时刻决定一个人的未来发展。豁达是一种人生的态度，从深层次看，豁达更是一种待人处事的思维方式。

7.体会慎独，适当的孤独能缓解焦虑

佛经中提倡"慎独"，《中庸》里也如此写道："能为一者，然后能为君子，慎其独也。"《中庸》所言的"慎独"，是主张君子要将"仁、义、礼、智、圣"五行统一于内心。

"故君子慎其独也"指的是：一个人独居时，因为暂时远离了公众的舆论压力，听不到外界的批评声音，自己内心的道德品质可能会受到挑战，一些品性不好的人可能会偏离道德规范的约束，想平日不敢想，做平日不敢做。然而君子在独处时，却能更加注重约束自己的行为，思想也更为谨慎。

《辞海》中也对"慎独"有所解释，认为一个人在独处时，其行为应当谨慎不苟，不要松懈。而《大学》中对于"慎独"的解释是"诚于中，形于外"。

中国从古至今有很多人领悟了"慎独"的含义，人们对于"慎独"之所以推崇，是因为"慎独"的境界能让人更加精进。一个人若能做到"出淤泥而不染，濯清涟而不妖"，遇到艰险之事不恐慌，处于乱世而不惊，待人以诚，德行于心，就达到了一种清净自我的境界。

今天，我们之所以要进行"慎独"的修炼，是希望人们在群体生活的沉溺和喧闹中能够开辟一片自己的净土，时刻保持清醒。

体会慎独，说难不难，说简单不简单。修炼慎独的第一步，就是让自己处于孤独之中，使自己耐得住寂寞，耐得住沉思，而不去寻找浮躁的消遣或娱乐。

只有我们自己充分安静下来，才有可能面对一个最完整的自己，认清自己，剖析自己，审查自己的真正意向、真实欲望。做到第一步之后，可进行第二步，便是用自我规范来实现自我约束，在安静的情境中约束自己的思想与行为。这种约束不是为了任何外在的目的，只是为了自己的人格尊严、品德修养，不可掺杂半分虚伪。

一个人越是不同凡俗就越伟大，也越孤独。孤独是更加深刻、更加明智地观察生活的高度。

也许是因为我们人类的孕育过程是孤独的，要独自在母体中进行孤独的预演，而不像群生的生物那样，从生命形成的一刹那开始就生活在一个群体中，处于一种"社会化"的状态，因此，伴随我们人生的，除了"社会"之外，还有孤独。

适当地独处，对于培养一个人的沉思气质和独立思考的能力、习惯，都有很大的好处。

人是社会的人，需要在一定的社会里才能健康成长。但不知道你是否留意，婴幼儿很喜欢一个人玩耍，即使有家长或别的孩子在场，他也很少顾及。这或许是孩子在母体中独处的一种记忆吧！老人不喜欢孤独，却喜欢独处，像是对母体中独处的一种美好回忆。在生命的起点和终点，我们都表现出了一种生命原本的色彩，这不能不说是个很有趣的现象。

这里之所以说"适当的孤独"，为的是和诸如幼年丧母、中年丧妻、老年丧子以及由于各种各样的原因而被抛出人群的茕茕孑立的孤独相区别，后一种孤独对人生只有坏处。

适当的孤独，是人生某种独特价值的秘密阵地，是容纳难以摆脱的情感的舞台。这种孤独，在烦琐的世界中寻找简练，在闹市中寻找静区，在世俗的冲击中寻找脱俗，在违心的随俗中寻找自洁，在不平的人生遭遇中寻找平静。可以说，适当的孤独是我们人生的一种修炼。

适当的独处，不是陷入某种所谓的境界中而无力自拔，无力自拔不是一种人生境界，而是对人类理性的弃绝，对"红尘"的厌恶。适当的孤独，是对人生爱极的表现，是修炼人生的一种内驱力。

试想，在劳碌了一段时间后，避开纷杂的人事，在某个安静祥和的环境中，一个人静静地待着，什么都可以想，什么都可以不想；不想说的话不说，不想做的事不做，不想见的人不见，没有人世间的尔虞我诈，只有一个人的世界。这，是不是一种境界？

在你适当的独处的这段时间里，你可以好好审视一下你过去的人生，也可以好好设计一下你未来的人生；你可以想想自己过去的人生中，哪些人、事、物给你留下了美好的感情，又有哪些人、事、物使你不堪回首；你也可以像世间所有的杰出人物一样，热情地面对生活，同自己的心灵悄悄对话。

当然，你不会忘记，你"适当的独处"并不是目的，不是为了远离人间，恰恰相反，适当的独处是为了更好地同世间的人同歌共舞，更高地腾飞。

所以，如果你想更客观、更真实地观览人生，观览人世，审视自我，为你人生的再度升华提供精神食粮，你可以暂时拉开一段与"尘世"的距离，去适当地独处一阵。之后，你会发现自己飞得更高了。

多一份敬畏之心，享受寂寞，"慎独"能带给我们的是可受用一生的财富。

8.培养自我反省的习惯

现代人多了一份自信心，却少了一种"自省"的精神。

弘一法师认为所谓"反省"，就是反过身来省察自己，检讨自己的言行，看自己犯了哪些错误，有没有需要改进的地方。人为什么要自省？因为没有人是十全十美的，不管是谁，总会有一些个性上的缺陷或智慧上的不足，这就需要我们通过反省来了解自己的所作所为。

世界著名的潜能开发专家安东尼·罗宾说："假如你每月给自己一次检讨的机会，你一年就有12次修正错误的机会；假如你每天检讨一次，你一年就有365次检讨的机会；假如你每天早晚各检讨一次，你一年就有700多次修正的机会。各位，你的成功概率多了700%以上。"人生最大的敌人是自己，只有时时检讨自己，弥补缺点，纠正过错，才能了解何事可为、何事不可为，才能在这其中找到生活的真谛。

古人说："吾日三省吾身。"如果你觉得一天三省没有时间，那么一天一次或两天一次也可以，反正要记得时时反省。

那你每天应该反省些什么呢？

（1）人际关系

你今天有没有做过什么对自己人际关系不利的事？你今天与人争论，是否也有自己不对的地方？你是否说过不得体的话？某人对你不友善是否还有别的原因？

（2）做事的方法

反省今天所做的事情，处事是否得当，怎样做才会更好。

（3）生命的进程

反省自己至今做了些什么事，有无进步？是否在浪费时间？目标完成了多少？

如果你坚持从这三个方面反省自己，一定可以纠正自己的行为，把握行动的方向，并保证自己不断进步。

那些"伟人"级的政治家、军事家，他们都有反省的习惯，因为只有反省才不会迷失方向，才不会做错事。我们都是凡夫俗子，智慧本不如"伟人"，反省就显得更加重要。如果可能的话，我们应把"反省"

当成每日的功课。

事实上，反省无时无地不可为之，也不必拘泥于任何形式，不过，人在事务繁杂的时候很难反省，因为情绪会影响反省的效果。你可在深夜独处的时候反省，也就是在心境平静的时候反省——湖面平静才能映现出你的倒影，心境平静才能映现出你今天所做的一切。

至于反省的方法，因人而异。有人主张写日记，有人则推崇静坐冥想，在脑海里把过去的事放映出来检视一遍。不管你采用什么样的方式，只要真正有效就行。自省也不能流于一种形式，每日看似反省，但找不出自己的问题，甚至对错不分，那就很值得注意了。

你有反省的习惯吗？趁早培养吧，它能修正你做人处事的方法，给你指引明确的方向。

减 压 练 习

缓和脸部的紧张

有些人习惯板着面孔，脸部表情冷漠，也就是所谓的喜欢"扮酷"，他们不愿别人看到自己的内心活动；还有些人很易怒，小事一桩也如临大敌，以致脸部容易抽搐，颜面神经失调；也有些人长年累月脸部表情如一，不哭不笑，连眼神都显得很呆滞。

假如过分控制自己的脸，会压抑各种情绪，让自己的脸完全失去表达感觉的能力，没有人可以从你脸上看出你的感受，你将失去多少乐趣啊！如果你去观察小孩子，你会发现，他们的开心和不开心都写在脸上，表情特别丰富，整个人都很活跃开朗，他们的心完全向外敞开，让你看到其真其诚。

　　所以，建议你做这个缓和脸部紧张的静心法，纾解紧绷的面孔，大胆呈现出真实的自己。这个方法并不会耗费很大的力气和时间。

　　（1）每天晚上在睡觉之前坐在床上，开始做鬼脸，就像小孩子很喜欢做的那样。做各式各样的鬼脸，好看的、不好看的都可以，这样整张脸的肌肉都会动起来。发出一些声音，各种无意义的声音都好，并摇摆身体10~15分钟，然后去睡觉。

　　（2）早上在洗脸之前，站在镜子前面做10分钟鬼脸。站在镜子面前会对你有帮助：你可以看，也可以回应。看到自己可爱的样子，能增强你的自信心：原来我也可以这么可爱；对生气中的自己莞尔一笑，这又会令人感到愉悦，进而放松脸部的肌肉。

　　脸部和头脑息息相关，由于我们的头脑常常处于紧张的工作状态中，而80%的紧张都呈现在脸部，因此脸部的放松是很重要的练习。当你放松了脸，头脑也会跟着放松，整个人就会轻快许多。

第四章

倒空浮躁之杯：
走得快，不一定能走到底

意粗、性躁，一事无成。心平、气和，千祥骈集。

——弘一法师

1.急于求成，只会适得其反

渴望成功的心态谁都能理解，但你要明白，想要成就一番事业并不容易，做事若急于求成，就会像饥饿的人乍看到食物，狼吞虎咽地吞食，反而会引起消化不良。

虚尘禅师以佛法度众，为人谦厚，深得民众拥戴，他每每开坛讲法，都听者众多。

有一天，一位小商人向虚尘禅师发火："我听了你的弘法后，诚

空杯心态
做自己的减压教练

信经营，薄利多销，顾客在逐渐增多，但为什么我的收入却没有增加？"

禅师不急不躁，他微笑着对这位商人说："有一棵苹果树，它接受了阳光、雨露、养料，春天开花，夏天结果，秋天成熟。成熟的时候，并非所有的苹果都会同时成熟。有些苹果早已熟透了，而有的苹果依旧青青待熟，并非它不会成熟，只是时间还没有到而已。"

商人明白了禅师的意思：要想有大成，就要慢慢积累。向禅师道歉后，他离开了寺院。

一年后，虚尘禅师收到这位商人的一个大红包。他在信中说自己的生意红红火火，以致没有时间亲自到寺院致谢，只好托人送礼以表谢意。

太想赢的人，最后往往都很难赢；相反，以淡定的心态对之、处之、行之，以坚持恒久的姿态努力攀登进取的人，成功的概率却会大大增加。

过于注意就是盲，欲速则不达，凡事不可急于求成。

在山中的庙里，有一个小和尚被派去买菜油。出发之前，庙里的厨师交给他一个大碗，并严厉地警告他："你一定要小心，最近我们财务状况不是很理想，你绝对不可以把油洒出来。"

小和尚下山买完油，在回寺庙的路上想到了厨师凶恶的表情及郑重的告诫，于是，他小心翼翼地端着装满油的大碗，一步一步地走在山路上，丝毫不敢左顾右盼。然而，正是因为他没有向前看路，结果快到庙门口的时候，他踩到了一个洞，虽然没有摔跤，但碗里的油却洒掉了三分之一。小和尚懊恼至极，紧张得手开始发抖，以至于无法把碗端稳。等到回到庙里时，碗中的油就只剩下一半了。

厨师非常生气，指着小和尚骂道："你这个笨蛋，我不是说要小心吗？为什么还是浪费了这么多油？真是气死我了！"小和尚听了很难过。这时，一位老和尚走过来对他说："我再派你去买一次油，这次我要你在回来的途中多看看沿途的风景，回来后把你看到的美景描述给我听。"小和尚很是不安，因为自己非常小心都端不好，要是边看风景边走，就更不可能完成任务了。不过在老和尚的坚持下，他还是去了。

在这次回来的途中，小和尚听从老和尚的意见，观察起沿途的风景。这时，他惊奇地发现山路上的风景是如此美丽：远处是雄伟的山峰，山腰上有农夫在梯田上耕种，一群小孩子在路边快乐地玩耍，鸟儿轻唱，轻风拂面……

在美景的陪伴中，小和尚不知不觉就回到了庙里。当小和尚把油交给厨师时，他发现碗里的油还装得满满的，一点都没有损失。

"揠苗助长"的故事中，农夫急功近利，反而适得其反，使他的庄稼全部死了。做事也是一样，许多事业都必须有一个痛苦挣扎、奋斗的过程，正是这个过程将你锻炼得无比坚强并成熟起来。朱熹说："宁详毋略，宁近毋远，宁下毋高，宁拙毋巧。"这对"欲速则不达"作了最好的诠释。

2.修炼定力，抵御形形色色的诱惑

定力本是佛家语，指理念坚固、心地清净、克制物欲、适应环境的意志和开启智慧、觉悟真理的心源。由于佛家之外的现代世俗生活缺少佛家戒律的约束，所以更要依靠自身的定力。

一位无果禅师为了参透禅理，深居幽谷，一住便是二十余年，这二十年来，他全靠一对母女护法供养，可他却一直未能明心见性，于是，他想出山寻师访道。

护法的母女听说禅师要走，便挽留禅师多留几日，要做一件衲衣送给禅师。母女二人回家后，马上着手剪裁缝制，缝一针念一句弥陀圣号。做毕，又包了四锭马蹄银，送给无果禅师做路费。禅师接受了母女二人的好意，准备次日动身下山。

当天晚上，无果禅师像往常一样坐禅养息。到了半夜子时，忽有一青衣童子，手执一旗，后随数人鼓吹而来，扛着一朵很大的莲花，来到禅师面前。童子说："请禅师上莲花台。"

无果禅师十分惊奇，心中暗道：我修禅定功夫，未修净土法门，就算修净土法门的行者，此境亦不可得，恐是魔境。想到此处，无果禅师便不再理睬童子。童子又再三地劝请，说勿错过。于是，无果禅师随手拿了一把引磬放在莲花台上。之后，童子便和诸乐人鼓吹而去。

第二天一早，禅师收拾行囊正要起程时，母女二人手中拿着一把引磬来到无果禅师的住处，问道："这是禅师遗失的东西吗？昨晚家中母马生了死胎，马夫用刀破开，见此引磬，知是禅师之物，特来送回。只是不知为什么会从马腹中生出来呢？"

无果禅师听后，大吃一惊，想想昨晚，不禁后怕，随后乃作偈曰："一袭衲衣一张皮，四锭元宝四个蹄；若非老僧定力深，几与汝家作马儿。"

说后，无果禅师将衣银还于母女二人，起程而去。

我们身边有太多的诱惑，让我们慢慢淡忘、放弃自己的人生理想。

小孩子会受到糖果的诱惑，学生会受到游戏的诱惑，官员会受到贿赂的诱惑，减肥者会受到食物的诱惑……

现在的社会热情洋溢，也浮华躁动，充满了机会与竞争，也充满了诱惑与欲望。初出茅庐，只身行走，有一种品质至为重要，那就是定力。

定力是处变不惊。历史上有许多年份，风平浪静；也有许多年份，风急浪高。碰上后一种时势，所有的人都要面临更多的风险，接受更多的挑战，分担更多的责任。这是一种个人生活的偶然，又是一种历史生活的必然。毕业下海，冲浪社会，没有定力，难以从容进取，尤其是工作尚未着落、深造尚未如愿的人，更须处变不惊。国家地大物博，东西南北均需人才，寻求工作，总有渠道，寻求发展，总有机会。"条条大路通罗马"，说的就是这个意思。

定力是随遇而安。每个人都有不同的境遇，这境遇或许令你满意，或许让你不满意，甚至是一种无可奈何的屈就。人，志向不同，机会不同，能力不同，资历不同，人脉不同，境遇自然千差万别。但是，人生的一条铁律就是随遇而安。无论何种境遇，都要冷静面对；无论何种职业，都要安心就职。

定力是洁身自好。社会生活是真善美与假恶丑的交织，要扛住纸醉金迷的诱惑，"任凭弱水三千，我只取一瓢饮"。社交可以积极，交友则须谨慎。遇上一开口专说别人坏话的，要小心；遇上当面一套背后一套的，要十分小心；遇上谋取名利不择手段的，要格外小心。"君子坦荡荡，小人常戚戚；君子谋事不谋人，小人谋人不谋事；君子爱财，取之有道，小人爱财，作奸犯科"。所以，交友时，要注意亲君子，远小人，做君子，不做小人。

定力也是锲而不舍。锲而不舍，方可创业。创业的路，开头最难，内心要有屡败屡战的准备，也要有铁树开花的自信。内心要守得住寂寞，要抛得开功利，风吹雨打不动摇。锲而不舍，方可出类拔萃。

3.没有可以随意糊弄的 "小" 事

在你的事业中，没有可以随意打发糊弄的小人物、小事情，种下什么种子，将来必定会收获什么样的果子，这就是老百姓常说的 "报应"。

有个伐木工人在一家木材厂找到了工作，报酬不错，工作条件也好，他很珍惜，下决心要好好干。

第一天，老板给他一把利斧，并给他划定了伐木范围。这一天，工人砍了18棵树。老板说："不错，就这么干！"工人很受鼓舞，第二天，他干得更加起劲，但他只砍了15棵树；第三天，他加倍努力，可是只砍了10棵。

工人觉得很惭愧，跑到老板那儿道歉，说自己也不知道怎么了，好像力气越来越小了。老板问他："你上一次磨斧子是什么时候？"

"磨斧子？"工人诧异地说，"我天天忙着砍树，哪里有工夫磨斧子！"

可能你的主要工作是 "伐木"，但不应忘记 "磨斧子" 这类小事。有时，一件小事就能让你事半功倍，让你的命运发生转折。所以，我们要认真地对待每一件小事，用自己的踏实和诚实表现自己的 "富有"。

有个渔夫整日打鱼，有一天，他运气不佳，忙活了一整天，只网到了一条小鱼，而且小鱼还劝他另做决定："渔夫，你放了我吧，看我这么小，也不值钱，你要是把我放回海里，等我长成一条大鱼，到那时你再来捉我，不是更划算吗？"渔夫说："小鱼，你讲得挺有道理，但我如果用眼前的实利去换取将来不确切的所谓'大利',那我恐怕就太愚蠢了。"

的确,大海可不是渔夫自家的渔塘,想什么时候捞就什么时候捞,所以,切切实实地珍惜每一分收获是很重要的。现在的许多人,一心只盯着"大鱼",对"小鱼"不屑一顾;一心想成就一番大事业,对小事却不愿躬亲。殊不知,胖子也是一口一口吃出来的。从实际出发,脚踏实地,才能不断走下去,捕到"大鱼"。

5年前,A君还在一家营销策划公司工作,当时一位朋友找到A君,说他们公司想做一个小规模的市场调查。朋友说,这个市场调查很简单,他自己再找两个人就完全能做,希望A君出面把业务接下来,他去运作,最后的市场调查报告由A君把关,当然,他会给A君一笔费用。

这确是一笔很小的业务,没什么大的问题。调研报告出来后,A君很明显地看出了其中的水分,但他只是做了些文字加工和改动,就把它交了上去。

去年的某一天,几位朋友拉A君组成一个项目小组,一块儿去完成北京新开业的一家大型商城的整体营销方案。不料,对方的业务主管明确提出对A君的印象不好,原来,此位先生正是当年那项市调项目的委托人。

因果循环,A君目瞪口呆,也无从解释些什么。

这件事给了他极大的刺激,现在回头来看,当时他得到的那点钱根本就不值一提,但为了这点钱,他竟给自己造成了如此之大的负面影响。

许多时候,我们会不经意地处理、打发掉一些自认为不重要的事情或人物，但这种随意、不负责、不敬业或者是不道德的行为会造成一些很不好的影响或后果，在你以后的人生道路上，说不定在什么时候就会突然显现出来，令你对当年的行为追悔不已。

大事是由一件件小事组成的，处理小事情不认真，还有谁敢把大事交给你做呢？所以，请认真对待你身边的每一件事，每一个人，以及你自己。

4.冲动的时候不要做任何决定

大部分人的心态都非常不稳定，偶尔会生出厌烦心、出离心，这种状况很普遍。弘一法师说："很多居士皈依佛门了，懂得了一些道理，就开始离家出走。家、工作都不要了，孩子也不管了，然后到庙里做义工，做一些善事。没有几天又动心了，想家，想孩子，又回去了，回去以后又开始造业了。这叫什么？这叫业际颠倒。这种人没有暇满的人身，所以没有解脱的机会，千万不能变成这样的人。自己一定要考虑成熟，然后才可以下决心。"

所以我们一定要仔细观察，深思熟虑，不要在冲动、激动的状态下做决定。

有个男人，他的妻子生孩子时难产死了，幸好他家有条聪明能干的狗，可以帮忙照看婴儿。有一天，男人有事外出，很晚才回来。狗知道主人回来了，欢快地出来迎接。可男人看到狗嘴里都是血，一种不祥的预感顿时涌上心头，他心想：是不是这狗由于饥饿兽性发作，把孩子给吃了。于是，他连忙赶到床边一看，没人，只看到一堆血迹。男人在狂怒之下，拿起棍子便将这条狗给打死了。谁知就在这时，孩子哭着从床底下爬了出来，男人这才知道自己错怪了狗，四下查看，发现不远处躺着一条狼，已被活活咬死，再看那条狗，后腿也被严重抓伤。

原来，在男人外出的时候，有条狼溜了进来想偷吃孩子，狗勇敢地冲上去与狼搏斗，最终保住了孩子的生命。男人知道真相后，号啕大哭，悔恨不已，可是一切已经无法挽回。

为什么会发生这样的悲剧？那是因为他被强烈的愤怒冲昏了理智，以至于忽视了最基本的判断与核实的步骤。其实，这也是人的通病。根据心理学家的测算，人在愤怒的时候，智商是最低的。在愤怒的关头，人们会做出非常愚蠢的决定而自以为是，也会做出非常危险的举动而觉得大义凛然。这个时候所做的决定，90%以上都是极端的错误。

事实上，很多人都是被"一时之气"给断送掉一生的——大部分刑事案件都是一怒之下冲动的产物。正所谓"人之初，性本善"，大部分人的本质还是善良的，真正穷凶极恶的人少之又少。从这个意义上讲，生气时能否保持理智，将从根本上影响人的一生。

人是感性动物，生活在爱恨情仇的交织中。而人生又处在不断的选择中，有些选择或许无关痛痒，有些选择却事关全局；有些失误可以尽力弥补，有些却无力回天。因生气而做出错误决定的事，每个人身上都发生过。如果你没有被那错误的决定所伤害，那应该感到庆幸，但幸运之神不会永远垂青你，所以要想把握自己的一生使之不偏离轨道，就请记住这句忠告——在生气的时候不要做任何决定！

5.专注是成功者必备的素质

培养一定的兴趣爱好，陶冶情操，不是什么坏事，但"业精于勤，荒于嬉"，千万不要玩物丧志，沉迷其中。

慧远禅师年轻时喜欢云游四海。有一次，他遇到一位嗜好吸烟的行人。两人一起走了很长一段山路，然后坐在河边休息。行人给了慧远禅师一袋烟，慧远高兴地接受了行人的馈赠。两人一边抽烟，一边聊天，谈得十分投机，分手前，行人又送给慧远一根烟管和一些烟草。

待行人走远，慧远突然想到：烟草这种东西令人十分舒服，肯定会干扰我的禅定，时间长了一定难以改掉，还是趁早戒掉为好。于是，他随手一挥，把烟管和烟草全部扔掉了。

几年后，慧远迷上了《易经》。那年冬天，天寒地冻，他写信给自己的老师要求给他寄一件棉衣，但信寄出去很久，冬天已经过去，山上的雪都开始化了，棉衣还是没有寄来，送信的人也没有任何音信。于是，慧远现学现卖，用《易经》为自己卜了一卦，结果显示那封信并没有送到老师那里。他心想：《易经》占卜固然准确，但如果我沉迷此道，怎么能够全心全意地参禅呢？从此，他再也没有接触过占卜之道。

之后，慧远又一度迷上了书法。他每天钻研，居然小有成就，有几个书法家对他的书法赞不绝口。但慧远转念想到：我又偏离了自己的正道，再这样下去，我可能会成为一个书法家，但永远也成不了禅师。于是，他再次收束心性，一心参禅，远离一切和禅无关的事物，终成一代宗师。

慧远禅师为我们树立了一个好榜样：明白自己的目标固然可贵，但更可贵的是为了成就目标而坚持不懈的精神。一旦发现自己的所作所为偏离了目标，就应该做到知非即舍。

现实生活中，有些人爱好广泛，三十六行都有所涉猎，但越是这样的人，越不可能在某一个领域达到巅峰状态。因为他们的精力完全分散了，目标太多，分不清孰重孰轻，如此，自然不可能有大的作为。

一个人要想在某一个领域内成为大师，必须专注于此项目标，不能因为外界的诱惑而改变自己初衷。这就好比走路的时候，遇到了很多分岔口，如果偏离主路，去走那些分岔路，你可能会离目的地越来越远。

无论生活还是工作，我们都必须有一个明确的目标，比如说，想要成为一名音乐家，你就必须每天专注于研究乐理，研究曲谱，勤于练习，有一项自己擅长弹奏的乐器；如果想成为一名设计师，你就必须把自己的精力放到艺术设计方面，勤于绘画，平时多看一些艺术作品，汲取灵感，还要在生活中时刻保持一双善于发现的眼睛，时刻收集艺术方面的元素，用于创作中。当然，兴趣爱好我们还是要有的，比如说业余可以练练书法、唱唱歌、跳跳舞，这是对心灵的放松，只是不要把业余爱好提升到你的目标之上，否则，就会影响到你前进的步伐。

专注是每一名立志成功者都必须具备的素质。你想成为一个什么样的人，就要去做什么样的事，如果偏离了这些事，你就会越来越不明白生活是什么，也不知道自己活着的意义。坚定自己的目标，无论遇到什么样的困难都能坚定不移地走下去，不被别的东西所束缚，你才可能有所成就。

6.别忘记你最初的目的

有四个和尚一起参加禅宗的"不说话修炼",四人中,除了一个小和尚道行较浅外,其他三人道行都较高。

在这个"不说话修炼"的过程中必须要点灯,这项任务理所当然地由道行最浅的小和尚负责。修炼开始后,四个和尚围绕着那盏灯,盘腿打坐,进行修炼。几个小时过去了,四人都没有出声。

随着时间的流逝,油灯中的油越燃越少,眼看油灯就快灭了,负责管灯的小和尚心中十分着急。就在这个时候,突然一阵风吹来,管灯的小和尚忍不住大叫道:"糟了!火马上就要熄灭了。"

听到小和尚的喊叫声,另一个和尚立刻斥责他说:"你不知道我们在做'不说话修炼'吗?你叫什么!"

第三个和尚听到后,又气愤地骂第二个和尚:"你不也开口说话了吗?真是太不像样了!"

而道行最高的第四个和尚仍然在那里闭目静坐。可是没过多久,他就睁开眼睛,傲慢地看了其他三个和尚一眼,然后自豪地说道:"只有我没说话。"

三个"得道"的和尚在指责别人"说话"的同时,自己也不知不觉地犯了"说话"的错误。就这样,只是为了一盏灯,四个参加"不说话修炼"的和尚先后都开口说话了。这说明,一个人一旦被外物所扰,就很容易忘记自己最初的目的。

有个老魔鬼看到凡人过得很幸福,便说:"我们要去扰乱一下,要不然,魔鬼就不存在了。"

他先派了一个小魔鬼去扰乱一个农夫。因为他看到那农夫每天辛勤地工作,可所得却少得可怜,但他还是那么快乐,非常知足。

小魔鬼想,要怎样才能把农夫变坏呢?经过一番思考,他想出了一个主意:把农夫的田地变得很硬,让农夫知难而退。

由于被魔鬼做了手脚,农夫锄地锄得很辛苦,但他只是休息了一下,又接着做,没有一点抱怨。小魔鬼看到计策失败,只好摸摸鼻子回去了。

老魔鬼又派了第二个小魔鬼去。第二个小魔鬼想,既然让他更加辛苦没有用,那就拿走他所拥有的东西吧。

于是,小魔鬼把农夫的午餐和水偷走了,他想:农夫做得那么辛苦,又累又饿,却连午餐跟水都不见了,这下子,他一定会暴跳如雷。

农夫又渴又饿地到树下休息,却发现自己准备的食物不见了。"不晓得是哪个可怜的人比我更需要那块面包跟水?如果这些东西就能让他得温饱,那就太好了。"又失败了,小魔鬼弃甲而逃。

两次失败让老魔鬼觉得奇怪,难道没有任何办法能使这农夫变坏吗?就在这时,第三个小魔鬼出来了。他对老魔鬼说:"我有办法,一定能把他变坏。"

在小魔鬼的设计下,农夫与他成了朋友。魔鬼有预知未来的能力,他告诉农夫,明年会有旱灾,让农夫把稻种在湿地上,农夫照着他说的做了。第二年,别人没有收成,农夫却是大丰收,他也因此富裕了起来。

小魔鬼又每年都对农夫说当年适合种什么,三年下来,农夫变得越来越富有。

之后,魔鬼又教农夫把米拿去酿酒贩卖,赚取更多的钱。慢慢地,农夫不用工作,只靠着经济贩卖的方式就能获得大量金钱。

空杯心态
做自己的减压教练

有一天，老魔鬼来了，小魔鬼对他说："您看，我现在要展现我的成果了，这农夫现在已经有猪的血液了。"只见农夫办了个晚宴，所有富有的人都来参加了，他们喝最好的酒，吃最精美的餐点，还有好多仆人在一旁侍候。他们非常浪费地吃喝，衣裳零乱，醉得不省人事，看起来像猪一样痴肥愚蠢。

"您还会看到他身上有着狼的血液。"小魔鬼又说。

这时，一个仆人端着葡萄酒出来，不小心跌了一跤。农夫就开始骂他："你做事这么不小心！"

"唉！主人，我们到现在都没有吃饭，饿得浑身无力。"

"事情没有做完，你们怎么可以吃饭！"

老魔鬼见了，高兴地对小魔鬼说："唉！你太了不起！你是怎么办到的？"

小魔鬼说："我只不过是让他拥有比他需要的更多而已，这样就可以引发他人性中的贪婪。"

现实生活中，能够抵挡住诱惑、控制住贪欲、坚守住最初的简单善良之心的有几人？

心若改变，态度就会跟着改变；态度改变，习惯就会跟着改变；习惯改变，性格就会跟着改变；性格改变，人生就会跟着改变。所以佛认为，一切皆由"心"起，心念对了，人生就对了。当你拥有更多时，请别忘记你最初的那颗简单纯洁的心，幸福就是坚守这颗善良的心。

唐代慧宗禅师经常云游各地，一次临行前，他嘱咐弟子看护好他珍爱的数十盆兰花。可一夜，弟子们忘了把兰花搬进屋，而那一夜偏偏刮起了大风，结果，盆破花毁，狼藉满地。几天后，禅师返回寺院，众弟子准备受罚。

可得知原委后，禅师神态自若，依然平静安详。他对弟子们说：
"当初，我不是为了生气而种兰花的。"

禅师说的这句话不光让他的弟子彻悟，也让千年之后的我们受益
匪浅。

7.能坚持，就不要放弃

坚持需要一种特殊的心理，不能怕时间久，不能怕见效慢，要一
步步来，不能急于求成。坚持不懈的人都有一颗坚强的心，无论面对
什么样的艰难险阻，他都能克服，为了自己心中的那个梦想，执着着
自己的坚持。坚持下来的，肯定会有收获；坚持不下来的，将会面对
更多的挑战和困难。

隐峰和尚是马祖道一的得意弟子。当年，马祖为了测试隐峰修行
的深浅，决定找个机会试试他。

这天，马祖远远地看到隐峰推着一辆独轮车，要从一条狭窄的小
路上经过，就故意跑过去躺在路中间假装睡大觉，伸腿挡住去路。

"师父，你老人家快起来，要不然车子会碾到你的脚。"隐峰喊道。

马祖爱答不理地答道："已经伸出去的脚不能收回来。"

隐峰一听，立即接口道："已经前进的车不能再后退。"

于是，隐峰推车从马祖的脚上碾了过去。

马祖大叫一声，脚上已是鲜血淋漓。他一瘸一拐地找来一把斧头，

来到法堂，敲钟召集所有僧众，大喝道："哪个小子刚才碾伤了老僧双脚？你给我出来！"

僧人们个个都吓傻了，但隐峰毫无惧色，他大踏步走上前去，把头放在马祖抡起的斧头下面。

马祖见了，哈哈大笑，把斧头扔在地上，高兴地说："孺子可教！"

马祖横插一腿挡住隐峰的去路，实际上是在问隐峰如何克服学禅路上的各种障碍。隐峰推车碾过，摆明了是在说自己绝不后退，遇佛杀佛，遇祖杀祖。马祖又手执利斧进一步考验他，隐峰又以"我不入地狱谁入地狱"的大无畏精神坦然面对。

坚持，是人世间最容易做的事，也是最难做的事。说它容易，是因为只要愿意做，人人都能做到；说它难，是因为真正能做到并持之以恒的，终究只是极少数人。

弟子们总是跟在老禅师后面问："老师，如何才能成功呢？"

"成功？嗯，我这里有一个最简单的法门，每人尽量把胳膊往前甩，然后再尽量往后甩。"禅师示范了一遍，接着说，"从今天开始，每天做300次。大家能做到吗？"

弟子们疑惑地问："为什么要做这样的事？"

老禅师说："你们连着做一年，就知道如何能成功了！"

弟子们想：这么简单的事，有什么做不到的？

一个月之后，老禅师问弟子们："我让你们做的事，有谁坚持做了？"大部分人都骄傲地说："我做了！"禅师满意地点点头，说："好！"

又过了一个月，老禅师问："现在有多少人坚持了？"结果只有一半的人说："我做了！"

一年过后，老禅师再次问大家："请告诉我，最简单的甩手运动，还有几个人坚持了？"

这时，只有一个人骄傲地说："老师，我做了！"

老禅师把弟子们都叫到跟前，说："我曾经说过，做完这件事，你们就知道如何能成功了。现在我就让你们看看。"说完，老禅师就把衣钵传给了那个一直坚持做甩手运动的弟子。

人一旦拥有了日月跋涉的恒心和毅力，就能将任何难事做好；反之，"三天打鱼，两天晒网"，再简单的事也没法办成。

想减肥的人如果能坚持，瘦身就不再是难题；想学音乐的人如果能坚持，唱歌不再是难题……所以，要想让自己的梦想实现，坚持是最简单的法则，它不需要技巧，不需要经验，只要你有一颗持之以恒的心，成功就不只是梦想！

8.勤奋比聪明更重要

毫无疑问，懒惰者是不可能成大事的，他们贪图安逸，一察觉有点风险就会被吓破胆。勤奋者则不同，他们不相信天上会掉馅饼，而是坚信勤奋者必有所获，相信"勤能补拙"。

当有人问牛顿到底是用什么方法创造出那些重要的理论时，他诚实地回答道："总是思考着它们。"还有一次，牛顿这样陈述他的研究方法："我总是把研究的课题放在心上，并反复思考，慢慢地，起初的灵光乍现终于一点一点地变成了具体的研究方案。"

正如其他有成就的人一样，牛顿也是靠勤奋、专心致志和持之以恒才取得成功的。放下手头的这一课题而从事另一课题的研究，这就是他全部的娱乐和休息。牛顿曾说过："如果说我对社会民众有什么贡献的话，完全只因勤奋和喜爱思考。"

另一位伟大的哲学家克普勒也这样说过："正如古人所言，'学而不思则罔'，对此我深有同感。只有善于思考所学的东西才能逐步深入。对于我所研究的课题，我总是追根究底，想理出个头绪来。"

英国物理学家及化学家道尔顿从不承认他是什么天才，他认为他所取得的一切成就都是靠勤奋点滴累积而来的。约翰·亨特曾自我评论道："我的心灵就像一个蜂巢，看来一片混乱、杂乱无章，到处充满嗡嗡之声，实际上一切都整齐有序。这些食物都是通过劳动在大自然中精心选择的。"这里的劳动指的就是他所具备的人格优势，并非才智过人，他只是比一般人更勤劳罢了。

大部分杰出的发明家、艺术家、思想家和著名的工匠，他们的成功都得归功于勤奋和持之以恒的毅力。

英国作家狄斯雷利认为，要成就大事，就必须精通所学科目，但要精通学科，只有通过长时间连续不断地苦心钻研，别无其他办法。因此，某种程度上来说，推动世界前进的人并不是那些天才人物，而是那些智力平庸却非常勤奋努力的人；不是那些智力卓越、才华洋溢的人，而是那些不论在哪个行业都认真坚持、不畏困难的人。

只要我们养成了不畏劳苦、锲而不舍、坚持到底的工作精神，那么，无论我们从事什么样的职业，都能在竞争中立于不败之地。

罗伯特·皮尔正是由于养成了勤奋的工作态度，才成了英国参议院中的杰出人物。当他年纪很小的时候，他父亲就让他站在桌子边练习即席背诵、即席作诗。首先，他父亲让他尽可能地背诵一些格言警句。当然，刚开始并没有多大的进展，但日子久了，他也能逐字逐句地背诵出那些格言。这一训练可以说为他日后在议会中以无与伦比的演讲艺术驳倒论敌立下了根基。

在一些最简单的事情上，反复的磨炼确实会产生惊人的效果。拉小提琴看起来十分简单，但要达到炉火纯青的地步绝对需要多次辛苦地练习。有一名年轻人曾问小提琴大师卡笛尼学拉小提琴要多长时间。卡笛尼回答道："每天12个小时，连续坚持12年。"

一点点进步都是得之不易的，任何伟大的成功都不可能唾手可得。对于想成就大事的人来说，勤奋是最好的人格资产。

(减)(压)练习

排出肌肉里的"情绪毒素"

适用对象：工作生活压力大或睡眠质量差的人。

时间：晚上睡前做，持续3个星期以上。

地点：家中床上。

方法：

（1）躺在床上，闭上眼睛，一边张嘴大口吐气，一边想象吐出体内的灰尘。然后静静地感觉全身。

（2）准备好后，把注意力集中在鼻子上；感觉到鼻子后，就把注意力转移到右耳上；感觉到右耳后，把注意力转移到右脚上。然后依照同样的方法，依次是左脚、左耳，又回到鼻子，反复数次。

（3）闭上眼睛，吸一口气，把右脚紧绷，紧绷到不能再紧绷为止，然后突然间放松，并大口呼气；接着是左脚，同样是先吸气，再尽情地紧绷左脚，感觉像是有绳子大力地勒住，紧绷到不能再紧绷为止，然后吐出一丝满足而放松的呻吟；休息一阵子之后，来到左手，整只手臂都让它尽情地紧绷，然后突然间放松；接着是右手和脸。脸部可以多做几次，因为我们有太多的愤怒、悲伤都压抑在脸部，尤其是颚关节里。

想想看：当你生气却不能发泄怒气的时候，当悲伤却不能让自己哭出来的时候，是怎样控制脸部的？会咬紧牙关，使你的颚关节还有后脑勺极度紧绷，紧紧地控制你的下巴，使人看不出你想哭。通过控制自己的脸部肌肉，我们压抑了太多情绪。此时通过紧绷的办法来松开脸的颚关节、后脑勺、牙关，能帮助你释放出这些压抑的情绪毒素。

身体的其他部分亦然。不妨观察一下，比如：当你不自在的时候，你就会跷脚，跷脚是一种防御性的动作，表明你不想让别人看穿你。你并不是为了让自己放松才跷脚的，实际上，跷脚的时候你的双脚更紧张。手也是一样，当你紧张的时候，你的双手就会握拳、抠指甲、拉头发或一直抓痒等，这些都是焦躁的表现。

当用紧绷的办法使自己放松后，这些被久封于肌肉里的情绪毒素就会被排出体外，使人容易在短时间内感到放松。

第五章

倒空执着之杯:
错误的坚持就是浪费生命

心中有事世间小，心中无事一床宽。

——梦窗禅师

1.打不成柴，还可以摘苹果

寺庙里，有一位修为深厚的老和尚，他身边聚拢着一帮虔诚的弟子。

这一天，他嘱咐弟子们："徒儿们，你们每人都去南山打一担柴回来吧。"弟子们匆匆告别师父下山。但行至离南山不远的河边，眼前的一幕却让所有弟子都目瞪口呆——只见水流从山上奔泻而下，阻住了去路。众人只得悻悻而归，无功而返。弟子们多少都有些垂头丧气，唯独有一个小和尚，却与师父坦然相对。

老和尚笑问："打不成柴，大家都很沮丧，为何你却如此淡定？"

小和尚看了看师父，从怀中掏出一个苹果，递给老和尚，说道："虽然过不了河，打不了柴。但我却看见河边有棵苹果树，上边还结了苹果，我就顺手把这唯一的苹果摘来了。"

后来，这位小和尚成了老和尚的衣钵传人。

老和尚要求众弟子外出打柴的目的肯定是要做饭，但打不了柴就做不了饭，做不了饭就会腹中空空。因此，小和尚采摘了一个苹果，这反映出小和尚在生活中是一个有心人，明白老和尚的本意。而老和尚肯定知道通往南山要途经一条大河，所以他叫众弟子去打柴肯定不单纯是打柴的意思，也是为了考验弟子们的应变能力。

世上有走不完的路，也有过不了的河。遇见过不了的河掉头而回，是一种生存智慧。但在河边摘下一颗"苹果"，无疑是一种更大的生存智慧。历览古今，抱持着这样一种生活信念的人，最终大都实现了人生的突围和超越。

两只蚂蚁想翻越一堵墙，寻找墙那头的食物。一只蚂蚁一来到墙脚就毫不犹豫地向上爬去，可只爬到一半，它便由于劳累、疲倦而跌落了下来。可它毫不气馁，一次次跌下来，又迅速地调整自己，重新开始向上爬去。另一只蚂蚁观察了一下，决定绕过墙去。绕墙而行的蚂蚁很快就找到了食物并享受了起来。而另一只蚂蚁却还沉浸在"不停地跌落又重新开始"的循环中。

目标可以只有一个，但抵达目标的路线却不能只有一条。在实现目标前，我们需要静下心来思考一下选择哪种路线更有效。有时，选择比努力更重要，尤其是在面对成效甚微的努力时，我们更需要放下执念，学会变通。

（1）要告诫自己，有些事情必须选择妥协

迟田大作曾说："权宜变通是成功的秘诀，一成不变是失败的伙伴。"的确，想要获得成功，除了要坚持到底外，更重要的是必须在该转身和变通的时候，及时放下成见，改变固执己见的毛病，否则只会让自己离目标越来越远。所以，我们要告诫自己，有些事情必须放下执念，选择妥协。根据情景的变化，及时调整人生的航线是量力而行的睿智和远见，放弃已不再适合局势的航线则是顾全大局的果断和胆识。

（2）要养成学习新知识、接触新事物的习惯

很多过于执着的人，都是一些思想狭窄、看问题片面、不喜欢接受新事物者。他们由于思维方式偏激，观念固定重复，在大脑皮层形成了一个"惰性兴奋中心"，一旦某种思想、观念深深地扎根其中，就很难容下其他思想、观点。因此，要想放下执念，就得不断学习新知识，接触新事物，开阔自己的思路，养成不断更新思维方式的习惯。

（3）要善于克制自己，保持适度的自尊

自尊心过强是导致执念的重要原因，而执念又常在虚荣心的满足中得到发展。"自尊"作为人的一种精神需要固然是必要的，也是良好的，但自尊心过强，并且不是靠智慧、技能、高尚品格获得，而是用执拗、顶撞、攻击、无理申辩来强求，就会发展为固执。固执的人为了达到自己的目的所表现出来的"坚持到底"的行为，与真正的百折不挠、顽强不屈的精神并不能相提并论。因此，要想避免陷入执念的泥潭不可自拔，就得加强自我调控，善于克制自己，以保持适度的自尊。

（4）做事认真而不迂腐，灵活而有原则

做事太认真的人，往往会变得顽固执拗。太认真会让人看不清楚周围真实的情况，最后受害的是自己，自己受伤、吃了亏还不知道为什么。简而言之，认真的生活态度是需要的，但认真得过头就大事不妙了。

2.有些事情必须 "半途而废"

生活中，有些人总认为自己还年轻，有很多时间可以去尝试、去坚持，但岁月匆匆，当最终发现自己的坚持是无用功时，再回首已经百年身。

错误的坚持就是在浪费生命，不管是工作还是生活。

有一家公司需要招聘一名业务代表，通过层层选拔进入复试的只有A和B两名应聘者，为了再从中找出一位最适合这份职业的员工，公司决定在不同时间段分别通知他们前来面试。

第二天，A被公司通知前来进行最后一次考核。A在面试的时候十分稳重，各种问题都对答如流，就在这时，负责面试的考官忽然递给他一把钥匙，然后随手指了一间小屋让他去那里拿只茶杯来。

A拿着钥匙去开那间小屋的门，可门怎么都打不开，他不相信自己开不了，就慢慢地拧，鼓捣了很长时间还是打不开。他知道这是主考官给自己出的最后一道难题，如果连这扇小小的门都打不开，还怎么做以后的工作，于是他一个劲儿地往里面拧，可最后，钥匙却被他拧断在锁孔里。

A感到十分难以置信，明明是这扇门的钥匙，为什么就是打不开呢？他问主考官："请问，是这把钥匙吗？"主考官抬头看了一下A答道："是打开屋子，取出茶杯的钥匙。"A很为难地说："门打不开，我也不渴……"

主考官打断了他的话："那好吧，这两天回去等通知，如果接不到通知，你就去别家公司试试吧。"

第三天，公司又通知B来面试，尽管他的回答不是十分流畅，但主考官还是同样给了他一把钥匙让他取来一只茶杯，B也是同样打不开门，但他想的比较多："主考官并没有告诉我钥匙就是这间屋子的，也许是隔壁这一间。"于是，他抱着试试看的心态，竟然真的打开了那间小屋，取出了茶杯。

主考官很高兴，拿过他取出的茶杯为他倒了一杯水，然后对他说："喝杯水，然后签个协议，祝贺你，你被录取了。"

A放不下自己心中的那份执着，一直认为主考官指定的就是那间屋子，结果怎么弄也打不开屋门，而B却并没有这样认为，他选择放下这扇打不开的屋门去试另一间，结果，他成功了。

有些事情确实需要"半途而废"的精神，当然，这要求我们要仔细地甄别何时是放下的时机，然后正确理智地坚持，这才是实现终极目标的大智慧。

生活中，有些人从小就抱有美好的梦想，也身体力行地去追求、去坚持了，但他们牺牲了美好的青春，激情也慢慢消耗殆尽，留给自己的却是一个生命的残局。他们以为是上苍跟他们开了一个生命的玩笑，殊不知，是他们自己的固执埋葬了自己的青春年华。

选择需要智慧，放下需要勇气。适时地放下无意义的坚持，才会有更多的可能到达成功的彼岸。如果自己选择的方向是正确的，那么该坚持的就要坚持；反之，如果你在一条错误的道路上狂奔，那只会加速自己的毁灭。

如果我们的目标并不适合，做了也是白做，这时候就要懂得收手。与其苦苦挣扎，蹉跎岁月，还不如选择放下，说不定会柳暗花明，别有洞天。

3.有时执着只是一种固执

生活中，有时不好的境遇会不期而至，搅乱我们的生活，让我们猝不及防，这时，我们就要学会放弃，不要以为所有的执着都是褒扬，有时候，执着只是一种固执，只是当局者迷而已。

在非洲，人们抓捕狒狒有一套十分奇特的方法。他们将狒狒爱吃的食物高高举起，故意让躲在远处的狒狒看见，然后把这些食物放进一个口小里大的洞中。等人们走远，狒狒就会欢蹦乱跳地过来，把爪子伸进洞里，紧紧抓住食物，但由于洞口极小，它的爪子握成拳后就无法从洞口抽出来。这时，人就可以不慌不忙地过来收获猎物，根本不用担心狒狒会跑掉，因为它们舍不得那些可口的食物，越是惊慌和急躁，就将食物攥得越紧，爪子就越是无法从洞中抽出来。

其实，那些狒狒只要稍一松开爪子，放弃食物，就可以溜之大吉，但它们却偏不，这就是愚蠢的固执。

我们常常说，执着的人值得赞许，因为他不抛弃、不放弃。然而有时，放弃才是一种大智慧，更是一种勇气。执着有时只是一种自欺欺人的固执。就好比失业者不肯放弃僵化的择业观念，整日委靡不振、怨天尤人；失恋之人不肯放弃已经逝去的那段感情，把自己弄得失魂落魄、心灰意懒；赌徒不肯放弃"可能会赢"的侥幸心理，以致血本无归、倾家荡产。凡此种种，都验证了执着有时是多么要不得。

一味执着，不肯放手，只会占用大量的时间和精力，而让很多真正该做的事情没有做，让真正的梦想失去实现的机会。

　　1996年春，12名攀登珠穆朗玛峰的登山者死于暴风雪，然而，当时与他们同行的登山者克洛普却保住了性命，因为他在距峰顶仅300英尺时转身下山了。

　　对于克洛普来说，登顶对他意义重大，如果他在不携带氧气的情况下能够成功登顶，将刷新珠峰攀登的世界纪录。但是，花费45分钟的时间到达峰顶会超过安全的时限，无法在夜幕降临前下山。那次遇难的12名登山者中，大多数人都登上了峰顶，但遗憾的是，他们错过了安全返回的时间。克洛普经过几周休养调息后，终于登上了珠峰，重要的是，他毫发无损地回到了家乡。

　　如果克洛普与其他登山者一样，执着于登顶，必然也会与他们一样，失去最宝贵的生命。克洛普放弃登顶时，有没有过犹豫？有没有过挣扎？肯定有，大家都向上走，只有他放弃了，那需要多大的力量才能说服自己啊！但他最终做出了最正确的决定。放弃不必要的执着，才能更好地到达目的地。

4.为自己活，而不是活给别人看

　　生命是否有意义，关键在于个体的自身体验。不要为了某些虚荣的东西，而把宝贵的年华和快乐舍弃。

　　做自己，发展自己，才是人生的真正目的，是人的最大快乐之所在。忙碌可以是一种幸福，只要你清醒地知道自己忙碌的意义；清闲可以是一种境界，只要你不至于因此而麻木。

你有没有问过自己，你究竟想要一种什么样的生活？我们有随时停下来审视道路和重新选择方向的自由，也该有拒绝"身不由己"的权利。

《生命咖啡馆》的作者约翰·史崔勒基，原来是一个在企业中担任主管的高薪人士。2001年，他觉得工作乏味，痛苦难熬，就和妻子背起背包，开始自助环球旅行，以后的9个月里，他们横跨了五大洲十几个国家。旅行中，他对生命有了新的认识。回到美国，他决定用故事的形式把他对生命的认识写下来，他只花了21天就写完了这本书。他开始只是想让更多朋友知道他的想法，于是自费出版，没想到竟成了畅销书。书的主题就是：人生应该做自己想做的事，而不是应付别人要你做的事。

没有了自我，一切的快乐都是虚伪的假象。即使别人批评你、否定你、攻击你，也不代表你的"自我"受到了否定，唯一能否定你的人是你自己。喜欢对别人评头论足的人很多，你随时可能遇到讥笑和嘲讽，不要让它左右你，该干的就干，而且要力争干到最好。

人们有时候觉得日子过得不愉快，很大程度上是因为过于注重形式，比如，为了追求时尚而买了一双满大街正流行的鞋子，虽然穿着不合适，脚都磨起泡了，但还是硬挺着。其实，生活不在形式，而在内容。鞋子的款式不重要，关键是舒适与否。不要为了时尚而让脚受委屈，更不要为了某些虚荣而舍弃宝贵的年华和快乐。

有三个人同喝一眼泉水，其中一个人用金杯盛着喝，另一个人用泥碗盛着喝，第三个人用手捧着喝。用金杯之人觉得自己高贵；用泥碗之人觉得自己贫贱；而那个用手捧水喝的人却痛痛快快说了一句："好甜的水！"

实际上，人的快乐和幸福是不能寄托在外物上的，否则这山望着那山高，你就总会自卑，总会痛苦。有了几百万元，见到有上千万元的会痛苦，有了上千万元，见到有上亿元的又会不舒服；当了处长，见了局长会自卑；当了局长，见了部长又会不安……生命的价值永远都不能简单地用世人所谓的得失成败来衡量，生命是否有意义，"如人饮水，冷暖自知"，任何外在的标准都不能够妄加评判。

苦乐全凭自己的判断，这和客观环境并不一定有直接关系。人要活得像人，活出一种真正人的气质来，只做自己，因为你是独特的，是世间独一无二的。你要享受自己，有自己的个性、自己的思想，不断去发展自己，这样，你与任何人比都不会自卑。

5.世上本无事，庸人自扰之

很多时候，烦恼都是我们自找的，要想从烦恼的牢笼中解脱，首先要做到"心无一物"，放下心中的一切杂念。

一个年轻人四处寻找解脱烦恼的秘诀。他走到一处山脚下，发现一个牧童在绿草丛中悠闲地吹着笛子，十分逍遥自在。

年轻人上前询问："你那么快活，难道没有烦恼吗？"牧童说："骑在牛背上，笛子一吹，什么烦恼都没有了。"年轻人借过笛子试了试，烦恼仍在。

他又踏上了寻找的旅途。有一天，他在山洞中遇见一位面带笑容的长者，便又向他讨教解脱烦恼的秘诀。老者笑着问道："有谁捆住你了吗？"年轻人答道："没有啊！"老者说："既然没人捆住你，又何谈解脱呢？"

年轻人想了想，恍然大悟，原来这么多年来不快乐，原因只在于自己把自己束缚住了。

正所谓"智者无为，愚人自缚"，生活中，人们总是喜欢给自己的心灵套上枷锁。

相传在唐朝时期，唐肃宗为心中的各种烦恼所困，于是拜南阳的慧忠禅师为"国师"，希望他能为自己排忧解难。

有一天，唐肃宗问慧忠禅师："朕如何才能得到佛法？"

慧忠禅师回答说："佛在自己心中，他人无法给予！陛下看到殿外空中的那一片白云了吗？能不能让侍卫把它摘下来放在大殿里？"

唐肃宗无奈地摇摇头，又问慧忠禅师："怎样才能拥有佛的法身？"

慧忠禅师答道："欲望让陛下有这样的想法！不思静修，把生命浪费在这种无意义的空想上，几十年醉生梦死，到头来不过是腐尸与白骸而已，何苦呢？"

唐肃宗再次问道："那如何能不烦恼不忧愁呢？"

慧忠禅师回答说："不烦恼的人，看自己很清楚，即使一心向佛，也不会自认是清静佛身，常常审视自己的内心，了解自己的真正所求。只有烦恼的人才整日想摆脱烦恼。修行的过程是心地明朗的过程，无法让别人替代。放弃自身的欲望，放弃一切想得到的东西，陛下就会得到整个世界。"

佛法总是讲究"空","空"有什么效果?都是以轮回中的妄想心生出轮回中的错误知见,如此在轮回中转来转去。因此,佛说:"紧握双手,里面什么也没有;当我们打开双手,世界就在我们手中。"

南怀瑾大师进一步解释说:"你在修行中,不试图去达到任何境地。你可以随你的意愿,日以继夜地精进修行,但是,如果心中依然有想攫获的欲望,你就永远也达不到平静。所有物件假以时日,会分解回归其基本元素,这是任何现象界的本然。唯有当我们明了并体验到某些事物时,我们方能放下。"

日本的一位鸟巢禅师说得更形象:"没有任何东西是属于任何人的!在我们仍活着的时候,必须踏实地生活,不然到了最后,我们仍是无法保住任何我们尽其一生所追求到的事物。只有智者能洞察世界本身所带来的痛苦,他们彻见了快乐与不快乐、美丽与丑恶,对他们而言,已没有什么是值得一看的了。"

6.见好就收,顺其自然

万事万物不能长久地存在而不衰退,盛极之后,必然会转衰。老子《道德经》中有一句话:"功成,名遂,身退,天之道也!"他认为,一个人成就了功业,建立了名望,就应该收敛身退,这才是天地之道。

人生在世,谁都希望做出一番惊天动地的大事业来。孟子说:"穷则独善其身,达则兼济天下。"在这种理念的倡导下,无数儒家学子投入了"兼济天下"的洪流当中。这原本是好的，不过，在济世的过程中，大多数人都渐渐被名利牵绊，即使是功成名就之后，依然对这些恋恋不舍，不能抽身而退。

范蠡与文种都是越国名臣，在越国打败吴国后，范蠡深知大名之下难久居，所以明智地选择了功成身退，"自与其私徒属乘舟浮海以行，终不反"。他还遣人致书文种，谓："飞鸟尽，良弓藏；狡兔死，走狗烹。越王为人长颈鸟喙，可与共患难，不可与共乐，子何不去？"文种未能听从，不久，果被勾践赐剑自杀。

与之类似的还有韩信与张良，两人位属"汉初三杰"之列，为汉高祖刘邦建汉立下了赫赫功勋。张良深知功高震主的道理，所以天下安定后，他便托辞多病，闭门不出，渐渐消除自己的影响，甚至拒绝了刘邦封王的奖赏，只请封了个万户侯，最后得以善终。而被称为"功高无二，略不世出"的韩信却因为自恃功高，不知收敛，最后被诛三族。

从古至今，这种"鸟尽弓藏、兔死狗烹"的悲剧从来就没有停止过。所以，越是功劳大的人，越是要及早抽身。

商鞅仕秦孝公时，以历史上有名的"商鞅变法"的功绩，奠定了自己的地位。然而，就因为他过于注重权柄，不知功成身退的道理，为最后身死埋下了祸根。

当初，商鞅变法时注重"乱世用重典"，采取了极其严厉的政治改革措施，这虽然帮助秦国从一个相对弱小的国家迅速地强大了起来，但也因此触动了许多权贵的利益，在朝野上下树了数不清的政敌。但因为有秦孝公支持，所以他的敌人们对他也无可奈何。

　　然而，有句古话叫"功高盖主"，权势越来越大的他也渐渐让秦孝公感到了威胁。秦孝公生前还曾故意传位于他，以试其心，虽然他没有领受，但也可见当时他已经见疑于君上了。这时，他本应主动辞退，隐遁避险，另有赵良引用"以德者荣，求力者威"之典故力劝商鞅隐退，可商鞅不以为然，仍旧固执己见。

　　最终，秦孝公将他的权力渐渐驾空。秦孝公一去世，反对派们在秦惠王即位后，纷纷策谋陷害他。最终，商鞅被秦惠王以谋反罪名处以五马分尸的极刑。

　　只知道一味地前进，不懂收敛退守，那结果只能是盛极而衰。正如《易经》所云："亢龙有悔，盈不可久也。"

　　一般人在最初的时候都是怀着一颗赤子之心做事的，然而，随着时间的推移，做的事情越来越多，有些人便开始觉得自己的付出不能白费，应该得到相应的报酬。立的功劳越大，这种想法就越强烈，于是在功成名就之后，就恋栈权位，不肯轻易离去。而这种求权求利的心态正是上位者所忌讳的。

　　在古代，功成身退是明哲保身的办法，到了现代当然没有必要这样做。但是，借鉴功成身退的做法，对于我们的人生也是有帮助的。比如，在单位里，尽量做到不争功，方能显示出自己的博大胸怀，赢得更多人的赞赏，这算是一种以退为进的策略；同时，事业有成的时候，也要学会见好就收，不能贪心不足，该收手的时候就要收手，否则，在这个瞬息万变的社会里，我们多年的努力很可能会一夜之间化为灰烬。

(减)(压)练习

清除大脑的垃圾

人类的大脑就像一个无所不包的容器，好的、坏的、高兴的、沮丧的、记忆、期望……全都被我们毫无过滤地往脑袋里塞，确切地说，大脑就像一只垃圾桶一样，不断地接收外在的杂物，却不会自动把垃圾清除。

与日俱增的信息使大脑变得乱哄哄的，因为这些垃圾堵住了脑部交通，导致无法畅通无阻地交流，因而每个脑细胞都在声嘶力竭地大喊，十分嘈杂，如此乱成一片，脑袋自然就会紧张起来。

加上外在的刺激不断，现代人的大脑不可避免地充斥着亢奋的情绪。三更半夜仍有不计其数的"夜猫子"在电脑或电视机前上蹿下跳，全无睡意；有时候甚至躺在床上许久，绵羊数到不计其数，也仍然无法入眠，这是因为头脑还处在紧张、兴奋的状态中，自然不会有睡意，它还在继续活动着。

不过，这种兴奋的状态往往是头脑紧张的表现，它还要忙碌地工作：消化这天吸收的信息，处理没有理清的事情等。头脑里实在有太多它还没有处理的事情了，所以，有时这会让人觉得自己的头脑里装满了各种各样的"垃圾"：念念不忘地一直想着昨天吃的饭、同事穿的裙子、晚餐后打死的蟑螂、十年前某一天刮的台风……其实，大多数人都很不解，为何头脑要浪费那么多宝贵的睡眠时间，想的却全是些"垃圾"呢？

大脑里日复一日堆积保存下来、固执不肯舍弃的，往往都是令人烦恼的杂念，让人悲观，让人痛苦，让人消极甚至绝望。这些杂念，有时候就好像已经被砸碎了的破缸，明明已没有任何用处，我们却还小心翼翼地收藏着，背在身上，让前行的脚步变得沉重。一不小心，那些碎片还可能割伤自己，弄得自己伤痕累累。

电脑的回收站装过多的垃圾文件会使其运行不畅，同样，人的大脑装了过多的垃圾，也会阻塞大脑，所以绝对有必要把垃圾清除，这样才有空间给予新进的灵感和智慧。清理了大脑的"垃圾"，带着没有怨恨、没有叹息、没有积郁的头脑和心，我们才能轻松快乐地行走在海阔天空的人生之路上。以下技巧便是清除大脑垃圾的良方:

每天晚上临睡前，花40分钟的时间，找一个角落或空白的墙壁，面对着它，开始说话，脑袋中有什么思绪就说什么话。有时你会发现脑中有两个声音在争论不休，此时，你可以暂时分身一下，变成两个人在聊天。把你的意识流付诸语言。

你可能会说出这样的话:"噢，我觉得好烦喔，又睡不着了……旁边的老公打着猪一样的呼噜声，20年来一直都这样……如果家用可以多一点就好了……咦，他20年前也是这副德性吗？我为什么会嫁给他？"另一个声音说:"想那么多干吗？还是想想明天的工作比较要紧。对哦，工作……唉，我巴不得换工作，连年终奖金都拖，这公司没希望了……我好想买个名贵的包包啊……"这个好似双人对话的技巧能帮助你清除脑袋中的垃圾，释放压力，使你感到放松。慢慢地，大脑就会随之渐渐地得到放松。照此方法做，通常情况下，不消一盏茶的工夫就能放松地入睡。

不过，当你做完40分钟的意识交流，最好还是稍微安静地放松一下，这样，你的睡眠将会更深入。

第六章

倒空嗔怒之杯：
别拿别人的错误惩罚自己

心平气和四字，非有涵养者不能做，功夫只在定火。

——弘一法师

1.不让嗔怒之火烧伤自己

佛家认为，"贪、嗔、痴、慢、疑"是五种覆盖众生心识，使之不能明了正道的烦恼，也被称为"五毒"。嗔，又作嗔怒、嗔恚等，指仇视、怨恨和损害他人的心理，是对于讨厌的过分偏执，这是非常有害的。

人一旦有了嗔心，就会失去理智，失去正确的判断力，所以，"嗔"是要不得的，一旦沾染上就很难根除，不可不畏惧。

古时有一个妇人，特别喜欢为一些琐碎的小事生气。她知道自己这样不好，便去求一位高僧为自己说禅论道，开阔心胸。

高僧听了她的讲述，一言不发地把她领到一座禅房中，落锁而去。

妇人气得跳脚大骂，只是骂了许久，高僧也不理会，妇人又开始哀求，高僧仍置若罔闻。妇人终于沉默了，这时高僧来到门外，问她："你还生气吗？"

妇人说："我只为我自己生气，我怎么会到这种地方来受这份罪。"

"连自己都不原谅的人怎么能心如止水？"高僧拂袖而去。

过了一会儿，高僧又过来问她："还生气吗？"

"不生气了。"妇人说。

"为什么？"

"气也没有办法呀。"

"你的气并未消逝，还压在心里，爆发后将会更加剧烈。"高僧又离开了。

高僧第三次来到门前，妇人告诉他："我不生气了，因为不值得气。"

"还知道值不值得，可见心中还有衡量，还是有气根。"高僧笑道。

当高僧的身影迎着夕阳立在门外时，妇人问高僧："大师，什么是气？"

高僧将手中的茶水倾洒于地。妇人视之良久，顿悟，叩谢而去。

嗔心一起，杀业即兴。嗔心会让人产生怨恨，怨恨生活中的一切。当嗔怒之心积累到一定程度的时候，心中就会出现恶念。所以，一旦出现嗔怒之心，就要赶紧想办法去除。

嗔怒是一种情绪化的行为。在我们常人看来，嗔怒是非常正常的事情，当我们的自尊和利益受到损害的时候，自然会去责备别人，甚至出现一些不理智的暴力行为。愚蠢的人会深陷怒火不能自拔，而聪慧的人懂得巧妙地化解怒火，不让嗔怒之火烧伤自己。

2.把"镜子"转向自己

交通拥挤的十字路口经常会发生这样的事情：整个路面都成了车的海洋，不耐烦的司机使劲地按着喇叭并撕心裂肺地叫喊着，眼看着整个交通就要陷入瘫痪状态，这个时候，交警的身影出现了，他一阵比画，该停的停，该转的转，该走的走，这种糟糕的场面很快得到了控制。这个时候，便体现出了交警的重要性，没有他们的管理疏导，这种糟糕的状况还不知道要持续到什么时候呢！

人的心情有时候也会像杂乱的交通一样，各种情绪乱七八糟地一起涌上心头，让人觉得头痛不已。这个时候，我们也需要一个心灵警察，给这些情绪做疏导，实现合理的情绪解放。

古时候，人们都喜欢用脚力极佳的驴子驮运笨重的货物。驴子的体力虽然很好，但也有着致命的缺点，那就是所谓的"驴脾气"。一头驴子若是扭了性子，它的四只脚便会像上了钉子一样，固定在地面，一动也不动，无论主人怎样使劲鞭打，它都会坚持它固执的脾气，一步也不肯向前走。

这天，一位老和尚和小徒弟就遇到了这样的情况。

小和尚面对着不肯迈步的驴子，高高举起了鞭子。老和尚赶忙制止了他："慢！慢！每当驴子闹脾气时，有经验的主人不会拿鞭子打它，那样只会让情况更加严重。"

小和尚忙问："那该怎么办呢？"老和尚说："你可以立刻从地上抓起一把泥土，塞进驴子的嘴巴里。"

小和尚好奇地问："驴子吃了泥土，就会乖乖地继续往前走了？"老和尚摇头道："不是这样的，驴子会很快地把满嘴的泥沙吐个干净，然后，在主人的驱赶下，才会往前走。"

小和尚诧异地说："怎么会这样？"

老和尚微笑着解释道："道理很简单，驴子忙着处理口中的泥土，便会忘了自己刚刚生气的原因。这种塞泥土的做法，只不过是转移它的注意力罢了！这个方法用在驴子身上有效，同样也适用于人发脾气的时候。"

在我们感觉难过、烦闷的时候，不要对抗自己的负面情绪，只要自己能做到优雅从容，这些情绪就会像落日一样很自然地消失，我们应该在这种不经意间实现情绪的成功转向。

发现自己产生负面情绪的时候，不要首先把责任推给别人，而必须学会首先把"镜子"转向自己。

第一，当有负面情绪（生气、悲伤、郁闷、烦燥）等不舒服的感受时，你要能觉察到，然后告诉自己："哦，这是负面情绪。"这时，最重要的是把注意力放在自己的内在，而不是放在那个引起你负面情绪的人和事上。

第二，先观察一下你自己此刻的肢体动作是什么，把注意力放在自己的身体上面，可以让你不至于完全陷入自己的情绪冲突中。

第三，试着去"看见"你在想什么，就是去观察自己的思想。如果你能够倾听那个内在喋喋不休的声音，你就是在观察你的思想。这时候，请你带着觉知和爱去观照它。它只是一个思想，不代表你，不要认同它，不要批判它，只是看着它。

第四，你此刻有什么情绪？如何观照情绪？有些人连自己生气了都不知道。观察情绪最简单的方法就是去观察你的身体，因为情绪其实就是身体对你思想的一个反应，只不过有时候你还没有觉察到思想，情绪就起来了。感觉你的身体哪里紧绷？胃部是否有不舒服的感觉？心中央是否紧绷或抽痛？身体是否颤抖？这些都是情绪在你身上作用的结果。观察它，观照它，允许它的存在，全然地去经历它，不要抗拒。你会发现，你的全然接纳和全然经历会让它更快消失，甚至转化为喜悦。

3.修炼"定火功夫"

吕新吾云："心平气和四字，非有涵养者不能做，功夫只在定火。"

看一个人是不是有涵养，就看他遇事是不是能心平气和。如果一个人没有"定火的功夫"，遇到鸡毛蒜皮的事就发脾气，那就不能称为有涵养。这是弘一法师给我们推荐的简易识人法，同时也是他为人处世的座右铭。"定火功夫"也是一种修养，修养的过程就是战胜自我的过程。

在日常生活中，我们常常会遇到很多情绪激动的人，他们可能心眼不坏，就是遇事容易发火，沉不住气的坏脾气惹人讨厌。喜怒哀乐属人之常情，谁都会有，但动不动就发火会破坏内心的和谐。因此，控制好自己的情绪，修炼一下"定火功夫"是我们每个人都必须做的。

要想让一个人生气易如反掌，只要有心，任何一个人都可能在几秒钟之内让你我暴跳如雷。但也会有例外情况，如果身为当事人的你今早出门时，确切地下定了快乐的决心，告诉自己，不论今天发生什么事，遇到如何不堪的情况，都不会动摇自己快乐的心境，那么，别人的举止就无法对我们产生负面的伤害。

有一位青年脾气暴躁，经常和别人吵架，因此大家都不喜欢他。

有一天，这位青年无意中来到了大德寺，碰巧听到一位禅师在说法。他听完后不能参透，于是留下来问禅师："什么是忍辱？难道别人朝我脸上吐口水，我也只能忍耐着擦去，默默地承受？"

禅师听了青年的话笑着说："哎，何必擦呢？就让口水自己干吧。"

青年听后，有些惊讶，于是问禅师："那怎么可能呢？为什么要选择忍受呢？"

禅师说："这谈不上什么忍受不忍受的，你就把口水当作蚊子之类的东西，不值得为此大动干戈，微笑着接受就行了！"

青年问："如果对方不吐口水而是用拳头打过来，那该怎么办呢？"

禅师回答："这不一样吗？不要太在意，这只不过是一个拳头而已。"

青年认为禅师实在是胡说八道，终于忍耐不住，挥起拳头向禅师的头上打去，并喝道："和尚，现在怎么样？"

禅师非常关切地问："我的头硬得像石头，并没有什么感觉，但你的手大概痛了吧？"

青年愣在那里，忽然心有所悟。

面对青年的暴行，禅师毫不放在心上，辱又从何而来呢？

不要因为外界的变化引起内心的起伏。当我们修炼好了内心，让内心变得足够强大，就没有事情能让自己生气了。不会生气，"辱"又从何来？

快乐是一种决心，只要你我下定这份决心，就能掌握住情绪的主控权，而不至于在琐碎的生活事件中糊涂地将心情的决定权拱手让给别人，并让周遭的人来定出自己情绪的基调。

开心是一天，不开心也是一天，为何不开心地过呢？更何况，真正决定我们情绪的，不是发生了什么事，而是我们对这些事情所做的诠释。

例如，面对他人的辱骂，如果我们认为"他就是看我不顺眼，这是恶意中伤"，那当然就会愤怒不已；然而，如果我们把它解释为"他今天心情不好，出口重了，但不是冲着我来的"，那就不会太生气，还会有些替对方担心；而如果你的想法是："这代表他很不喜欢我的做法，太好了，如果保守的他不赞成，就表示我做对了!"那你当然是暗自高兴。

所以，"你让我情绪不好"这句话是有谬误的。没有你的允许，没有人能影响你的情绪。

4.将压抑"说"出体外

如果人们内心的苦闷和烦恼长期郁积在心头，就会成为沉重的精神负担，这种压力会损害人的身心健康。英国权威心理医学家柯利切尔也认为："积贮的烦闷忧郁就像一种势能，若不释放出来，就会像定时炸弹一样，埋伏在心间，一旦触发就会酿成大祸；若及时加以发泄或倾诉，便可少生病，保健康。"所谓将压抑"说"出体外，指的就是倾诉，就是将自己的喜怒哀乐，尤其是怒和哀，毫无保留地倾吐出来。这是一种感情的排遣，也是一种心理调节术。

《黄帝内经》中也有过这样的记载："思伤脾，忧伤神，恐伤骨。""悲哀愁忧则心动，心动则五脏六腑皆摇。"

现代医学研究也发现，癌症、高血压等疾病的诱发病因很大一部分就是人的抑郁、焦虑等不良情绪在人体内的长期积压。也就是说，当一个人被心理负担压得透不过气来的时候，就容易患上各种疾病。反之，如果有人真诚而又耐心地来听他倾诉，他就会有一种如释重负、一吐为快的感觉。因为这种心理上的应激反应可以使内心的感情和外界刺激取得平衡，这就是现代心理学中所说的"心理呕吐"。

心理专家指出，倾诉是缓解压抑情绪、释放压力非常有效的手段，还是防治各种疾病，尤其是防治心血管病和肿瘤的良药。善于倾诉的人，心理往往更健康。

但是，有很多人并不愿意将自己的不快倾诉给别人，在他们看来，向别人诉苦是懦弱、无能的表现，有可能会引起别人的嘲笑；如果对方对他所倾诉的内容不感兴趣、不关心、不理解，他想获得心理安慰的希望就会落空，不但原有的问题没能解决，还会徒增新的苦恼：他们担心把自己的秘密告诉别人会有安全隐患，说不定有一天倾听者会把他的事情当作茶余饭后的谈资公布于众。

余建和女友刚刚分手，内心很痛苦，一次同事聚会他喝醉后，和一个同事提起了这件事，没想到那个同事竟然嘲笑他把感情看得太重，不是男子汉，还同另一个同事一起笑他。余建觉得更加愤懑了，他从此再不敢对别人提这件事。不久，他的前女友与另外一个男子结婚了，余建深受打击，甚至有了轻生的念头。

类似的感情经历很多人都碰到过。余建的倾诉不仅没能起到缓解伤痛的作用，反而让他越加苦恼了，其重要的原因就在于，他没有选择好倾诉的对象。并不是所有人都可以成为你的倾诉对象。

那么，该如何选择倾诉对象呢？

第一，此人必须是值得信赖的，能够为你保密，不会做你的"义务宣传员"。

第二，此人可以不做任何评价，仅仅为你提供一个包容的环境，做一个宽容的听众。他会认真地听你说话，不论你说出怎样的想法，他都认为是可以接受和理解的，这会让你有一种安全感，可以自由地表达自己的想法，说不定还会引起你自己的思考，有利于你换一个角度看问题。

第三，此人会给你一些真诚的鼓励，比如"没事的，有我在呢""不要怕，没有你想得那么难""别多想了，爱你的人还有很多""千万别这么想，这种困难很快就会过去的""再坚持一下，也许过了今天就会好点"，等等。这些看似简单的话，在倾诉者心里能起到意想不到的积极作用。

第四，此人可以帮你分析产生不良情绪的原因，换一个新的角度来看待你痛苦的经历，并提供一些积极的观点，进而和你一起找出解决问题的办法。这样，你的情绪就能得到有效的调节，你也会从中得到成长和超越。

第五，最有效又安全的倾诉对象，就是心理医生。心理医生的职业道德要求他们为咨询人员的隐私保密。而且，心理医生一般情况下是与你的生活圈没有一点重合的陌生人，没有必要去四处宣扬你的隐私。此外，他们还能从专业的角度给你一些指导。在心理咨询时，医生大部分时间是在听。患者在宣泄一顿情绪后，病情就能缓解一大半，此时，医生再适当进行一些暗示和引异，患者压力就会减小很多。

除了保证合适的倾听者之外，还要注意时机，切不可只顾自己的需要,不顾对方的感受。你最好先问一声:"最近很烦,想和你聊聊天,你有空吗?"得到肯定回答后再说不迟。最好不要在会有熟人出现的地方交谈,交谈前最好能消除一切可能会引起干扰的因素,哪怕是一只听不懂话的小狗也不要。总之,要保证谈话的私密性,以保证双方能在交谈过程中专注在这件事情上。

在"宣泄"完毕的时候,你还要记得一定要向对方表示谢意,毕竟你占用了别人的时间,获得了别人的帮助。另外,还有一项非常重要的提示——千万别把自己变成"祥林嫂"。绝不要把自己的痛苦和烦恼廉价地贩卖给每一个人,否则你会遭受同"祥林嫂"一样的命运——旁人的麻木、鄙夷和敬而远之。

5.谣言止于智者

有人的地方就有是非,尤其是职场,人多嘴杂,容易滋生各种流言蜚语,有的人出于嫉妒,有的人想泄私恨,有的想排挤别人……据某公司对美国2429名员工进行的一项网上调查显示,60%的人认为职场中的流言蜚语最让人无法容忍。相信国内上班族厌恶流言的程度决不比美国人低,但职场上的流言却一天也没有停止过。

我们没有能力去制止流言,却可以选择不被流言蜚语影响。

《坚意经》云:"慈心正意,罪灭福生;邪不入正,万恶消烂。"这是佛陀对治毁谤的良方。佛陀也会遭人毁谤,毁谤可能是由于我们表现得太好,所以我们应该感谢别人对我们的毁谤,因为这给了我们一个反观自照、消灾解怨的机会,让我们得以在菩提道上步步提升。

空杯心态
做自己的减压教练

现代高僧广钦和尚在福建省出家，住在承天寺。他说自己没有福报，不敢接受供养，就去住山洞，一住就是13年。13年后回到庙里，他还是不住寮房，而要求守大殿。大殿不能安床铺，他只能天天晚上在大雄宝殿打坐。

过了一段时间，监院师和香灯师召集大家宣布说，昨天晚上大雄宝殿的功德箱被盗了。这个功德箱是庙里的主要收入来源，从来没有发生过被盗的事。过去夜里没有人守，也没有发生这种事。所以，当时大家都很怀疑广钦和尚，认为他在殿里打坐，即使他没有偷，别人偷，他也应该知道，也要负责任。此事让大家对他的看法发生了180度的转变，他们认为这个人号称坐山洞13年，结果竟干出这等事，实在太可耻了。全庙的人包括外来的居士都对他嗤之以鼻，他本人却没有申辩一句，好像这件事与他完全无关。别人骂他、指责他。他也不回答，始终一副若无其事的样子。

这样过了一个星期，监院师又集合大家宣布："没有功德箱被盗这回事，我之所以这么说，是为了考验一下广钦大师住山洞13年，到底有没有功夫。现在证明他真有功夫！"

星云大师在《佛光菜根谭》中写道：毁谤打倒不了一个有志气的人，除非自己本身不健全、没有实力；面对毁谤最好的方法就是不去辩白，对是非默然摈之。为人不争一时之气，要争的是千秋万世。

韩真真是一个特单纯的女孩子，她有一双大大的眼睛，白净的小脸上每天都挂着微笑。大学毕业后，22岁的韩真真顺利进入了重庆市某商贸公司，成了一名文员。

没有任何工作和社会经验的她，很希望尽快和大家打成一片。其实，公司的业务还是非常繁忙的，大家整天都忙忙碌碌。不过，韩真真很快发现，同事们有个坏习惯，那就是喜欢聊些蜚短流长。

韩真真知道这样做不对，但也不便当面制止他们。很多时候，同事们在不断地说，她只是安静地坐在一边。前不久，同事们在讨论老总是个吃软饭的家伙，一切都是依赖着太太娘家的支持。他们在口若悬河，韩真真心底里却厌恶得不行。正在这个时候，老总出现了，一脸怒气地走进了办公室。从此，老总再看到当时在场的几个人，都是一副冷峻的表情。

这无疑让韩真真刚刚开始的职场之路布满冰霜，她心焦不已。不过，她没有急于向老总解释，而是在闲暇时刻意和爱说是非的同事保持距离。比如午休，韩真真一个人百无聊赖，但纵使趴在办公桌上睡觉，她也不会去当"旁听"者。

渐渐地，老总终于开始信任韩真真，不再对她冷眼相对。而那些同事却因再一次无中生有，超越了老总心理承受的极限，在付给他们遣散费后，提前解除了公司与他们的合约。

"清者自清，浊者自浊"。暴跳如雷、大吵大闹或一味为自己辩解，只会越描越黑，给人留下一个浮躁的印象。正确的做法是等自己的心理风暴过去以后，冷静下来，再做下一步的打算。面对流言蜚语的传播，如果一时说不清楚，不妨先回避一下，不予理睬，这样流言蜚语也许很快就会平息。

《四十二章经》中说，欲以毁谤损人，就如同"仰天而唾，唾不污天，还污己身；逆风扬人，尘不污彼，还坌于身"。诚乃不虚之言也。所谓"君子坦荡荡，小人常戚戚"，我们的心只要像太阳一样光明磊落，恶言毁谤必如霜露般消失无踪。

6.能吃亏者必有福报

"吃亏是福"，此语是从佛学观念演化出来的一句口头禅，很多人都知道这个说法，但很少有人去践行和证实，自然就谈不上感受和认知，更谈不上将其视为人生的一大信念。

弘一法师开示说："吃亏是福，藏匿着天理人欲的平衡，所要揭示的是，天底下的生命因缘果报的轮回。轮回是一种平衡方式，一时平衡不了，就有一世的平衡，一世平衡不了，就有来世的平衡。若要将吃亏是福作为人生信念来守持，必须接受佛学理念的三世说。当然，对于崇尚争眼前、争一时、争朝夕的急功近利的心态来说，这一说法是不对他们心路的。"

日本战国时代，群雄逐鹿，其中，织田信长的风头最盛，最有希望统一全国。但他有个致命的弱点，就是太精于计算现实利益，甚至到了不讲信义、不讲道义的程度。

有一次，他的一个盟国受到攻击，他的兵力陷了进去。这时，他遇到了两难问题：继续支持盟国，就会损失兵力；撒手不管地撤兵，可以保存实力。他选择了后者。

当时，作为他属下的丰臣秀吉对此颇不以为然：选择后者固然可以保存实力，但在世人的眼里，这是背信弃义，从这个战略层面考虑，以后要统一全国，不知要牺牲多少倍的兵力，才能重塑形象，挽回人心。

后来的情形果然如丰臣秀吉所料，一到要别人投降或结盟，别人就会说："织田信长不讲信义，不守信用，不能以身相托付。"结果只能一座座城池地苦攻苦打，消耗的兵力何止几倍于前呀！

其实，每一次吃亏都是一次人缘的投资，都是上天赐予你的机会。但是，许多人根本不敢相信在吃亏后面藏匿着福报。实际上，确实不是所有的亏后面都隐藏着福。

亏有许多类型，其一，在正常的博弈场面上，运不如人、技不如人只是技术和运气之亏，显然，这样的亏后面不可能藏匿着福。其二，出于事先的心理预期的设定，总认为我该得到这样或那样的成绩，但结果与设想有很大的距离，认为自己该得到而没有得到，从而认定自己吃了亏，这不叫亏，是自己心理预期的设置有问题。

那么，什么样的亏能带来生命的福祉呢？

很多亏是抵挡不住、无法控制的，不是因为人为的过错招惹，而是出自人生的定数，属于被动性的无法无奈之亏，此亏不吃不行；有些是主动性的亏，为了得到或捍卫这样或那样的东西，必须接受随之而来的亏，这样的亏，称之为代价或成本，不过可以控制。

为了践行自己的理想与志向、守住自己的良心而吃利益上的亏，值！为了捍卫自己的人格尊严而吃利益上的亏，值！为了攀登真理而吃利益上的亏，值！为了顾及维护亲情、爱情和友情而吃利益之亏，值！为了活得真实、自由而吃利益之亏，值！

简而言之，为了人生与生命的本真着想，一时间失掉一些身外之物，是值得的，千万不要回避必要的成本与代价。

站在生命的终极视线上看，所谓看得见、摸得着的东西，所谓钱财、地位和名声，无非都是身外之物，生不带来，死不带走，为此亏赢都不重要，重要的是不能亏自己的良心良知。因为良心良知是人性的本质，是区别于人和动物的重要标志。

吃亏本身并不重要，重要的是为什么而吃亏，这才是问题的关键，因为这关系到吃亏是否是福的问题。

为人处世正大光明却与鬼祟卑劣的小人在一起共事，小人利用了你，事后又在适当的时候将你一脚踢开，还给你系上了一个"不是"的绳索，这是为正大光明而吃亏。

善良纯正、表里一致、言行一致而以心度心，轻信了别人的好言好语，而最终却被设制的"机关"所暗算，这是为诚实而吃亏。

见义勇为，为捍卫正义而挺身而出，受到伤害甚至陷入困境，这是为正义而吃亏。

真诚地帮助别人，并没有考虑什么报酬，却惹来了不少麻烦，招来许多非议甚至受到伤害而无人理睬，这是为善良而吃亏。

上述情形的亏，是值得承受的，这就是福源的出处和原因，多吃多福，不吃没福。千万不要为此而沮丧，因为正大光明、善良纯正、正义侠义、良心良知终究是天地大道，为大道而吃亏，必有福报，这既是信念，也是事实。

⑨⑨⑨⑨

驾车时这样舒缓压力

牙关紧咬、脖子僵直压根就不会让你的驾驶更安全，反而会增加危险系数。不必要的紧绷肌肉会让你很容易疲劳，越疲劳，警觉性和反应力就越差。

扫描一下你的全身，看看哪些部位紧绷，然后找出舒缓紧绷的方法。当你行驶在高速公路上或是被困在堵塞的车流中时，不妨试着做一些"迷你运动"来放松肌肉。

看看你的手指，是不是紧紧地攥着方向盘，就如同身陷鲨鱼经常出没的大海中，而那方向盘就是你救命的木筏。就算方向盘包着松软的海棉，但你紧张的手指还是产生了一连串的反应。

现在来练习一下在驾驶车辆时如何放松你的手指。请不要在捣鼓汽车广播、放CD，或打电话时做此项练习，确保你的手一直放在方向盘上，同时将注意力放在你的手指上，它们是不是好像毫无必要地紧绷着？现在让你的手稍微减轻握方向盘的力度，你甚至可以将一只手上的两个指头抬起来，稍微活动一下，但一定要保证每次只有一只手做这样的动作。

现在看看你的手腕。你的手腕是不是像木板一样僵硬？下回，当红灯出现时，让你的一只手离开方向盘，然后慢慢转动你的手腕。记住，转动时一定要慢，每个方向都要转，同时深呼吸。在另一只手进行运动前，确保先把这只手放回方向盘。

当你继续行驶在高速公路上的时候，关心一下你的肩膀。你是否弯着腰驼着背趴在方向盘上？你的肩膀是否像御寒耳罩一样，耸在你耳朵两边？下次堵车的时候，耸耸肩，让双臂放松下垂，肘部自然弯曲，向上耸动你的双肩，保持几秒钟后将它们放下，这样反复3～5次。

你的脖子又怎么样呢？是不是觉得就像被老虎钳夹住一样，肌肉紧张得像拳击手的一样？下一次当你的车完全停下来的时候，轻轻地慢慢地左右移动你的头。拉伸脊椎，慢慢地看向你的右肩，保持一小会儿，深呼吸，然后放松，再看向另一边肩膀，深呼吸，放松。

再来看看你的下巴。你的下巴是不是像僵硬的榫眼钉？关于这个部位，你不用等到堵车或红灯的时候，注意你的下巴，拉低它，尽最大可能地张大你的嘴巴，就好像医生正拿着手电筒要检查你的喉咙一样，然后闭嘴，放松。反复这样做几次。试着转动你的下巴，把下巴从

111

一边转到另一边。不断开合你的嘴巴，让你的下巴绕着圈运动，就如同你正在用臼齿咀嚼一大块黏黏的焦糖。一定要出声，你甚至可以弄出一些"啊啊——"的声音。

只要感觉到你的肌肉有些紧绷，那就随时重复这些简单的运动吧。

第七章

倒空欲念之杯：
功名利禄，皆为过眼云烟

欲望越小，人生就越幸福。

——托尔斯泰

1.永不知足的人，无法感受幸福

一个人如果欲望太多，他就会变得越贪婪，一个永不知足的人是无法感受到幸福的。

人，饥而欲食，渴而欲饮，寒而欲衣，劳而欲息。幸福与人的基本生存需要是不可分离的。人们在现实中感受或意识到的幸福，通常表现为自身需要的满足状态。人的生存和发展的需要得到了满足，便会产生内在的幸福感。幸福感是一种心满意足的状态，植根于人的需求对象的土壤里。

然而，很多人都希望自己拥有的能再多一些，永远没有满足的时候。

民间流传着一首《十不足诗》："终日奔忙为了饥，才得饱食又思衣，冬穿绫罗夏穿纱，堂前缺少美貌妻，娶下三妻并四妾，又怕无官受人欺，四品三品嫌官小，又想面南做皇帝，一朝登了金銮殿，却慕神仙下象棋，洞宾与他把棋下，又问哪有上天梯，若非此人大限到，上到九天还嫌低。"

这首诗将那些贪心不足者的恶性发展描写得淋漓尽致。物欲太盛造成的灵魂变态就是永不知足，没有家产想家产，有了家产想当官，当了小官想大官，当了大官想成仙……精神上永无宁静，永无快乐。

在陕西南部山区有一位还未脱贫的农民，他住的是漆黑的窑洞，吃的是玉米、土豆，家里最值钱的东西就是一个盛面的柜子。可他整天无忧无虑，早上唱着山歌去干活，太阳落山又唱着山歌走回家。别人都不明白他整天乐什么。他说："我渴了有水喝，饿了有饭吃，夏天住在窑洞里不用电扇，冬天热乎乎的炕头胜过暖气，日子过得美极了！"

这位农民物质上并不富裕，但他却由衷地感到幸福。这是因为他没有太多的欲望，从不为自己欠缺的东西而苦恼。与这个农民相反的是一个卖服装的商人。这个商人有很多钱，但他却终日愁眉不展，睡不好觉。细心的妻子把丈夫的郁闷看在眼里，急在心上。她不忍丈夫这样被烦恼折磨，就建议他去找心理医生看看，于是他前往医院去看心理医生。

医生见他双眼布满血丝，便问他："怎么了，是不是受失眠所苦？"

商人说："是呀，真叫人痛苦不堪。"

心理医生开导他说："别急，这不是什么大毛病。你回去后如果睡不着就数数绵羊吧。"

　　商人道谢后离去了。

　　一个星期之后,他又出现在了心理医生的诊室里。他双眼又红又肿,看起来更加颓丧了,心理医生非常吃惊地说:"你是照我的话去做的吗?"

　　商人委屈地回答说:"当然是啊! 都数到3万多头了!"

　　心理医生又问:"数了这么多,难道还没有一点睡意?"

　　商人答:"本来是困极了,但一想到3万多头绵羊有多少毛呀,不剪岂不可惜?"

　　心理医生问:"那剪完不就可以睡了?"

　　商人叹了口气说:"但头疼的问题又来了,这3万头羊的羊毛所制成的毛衣,现在要去哪儿找买主呢? 一想到这,我就睡不着了!"

　　这个商人就是生活中高压人群的真实写照。他们被种种欲望驱赶着跑来跑去,疲之全极,每天睁开眼睛想到的是金钱,闭上眼睛又谋划着权力,日复一日,年复一年,这样的人怎么会享受到幸福呢?

　　有些欲望是自然而必要的,有些欲望是非自然而不必要的,前者包括面包和水,后者就是指权势欲和金钱欲等。人不可能抛弃名利,完全满足于清淡生活,但对那些不必要的欲望,至少应当有所节制。

　　晋代陆机在《猛虎行》中写道:"渴不饮盗泉水,热不息恶木荫则。"讲的是在诱惑面前的一种放弃、清醒。

　　在中国的人文精神里,是轻"物质"而重"精神"的,即古人所说的"人禽之辩"。但到了21世纪,世界似乎发生了颠倒性的变化,到处充斥着一种共同的东西,那就是欲望:权力的欲望,金钱的欲望……欲望铺天盖地,主宰和控制着我们,支配着我们,令我们身不由己。渐渐地,我们被物化、被异化,在背离人生意义的道路上越走越远。

　　佛家劝解世人:"饥则食,渴则饮,困则眠。"现世的人却不是如此，他们争先恐后、贪婪地追逐着比别人多的金钱、比别人高级的汽车、比别人豪华的住宅……

俄国作家托尔斯泰写过一篇故事：

有个农夫，每天早出晚归地耕种一小片贫瘠的土地，但收成很少。一位天使可怜农夫的境遇，就对农夫说，只要他能不断往前跑，他跑过的所有地方，不管多大，那些土地就全部归他所有。

于是，农夫兴奋地向前跑，一直跑、不停地跑。当他跑累了，想停下来休息时，一想到家里的妻子儿女需要更大的土地来耕作、赚钱，他便又拼命地往前跑。

农夫跑得上气不接下气，实在跑不动了，但他又想到将来年纪大，可能乏人照顾，需要钱，便又打起精神，不顾气喘不已的身子继续奋力向前跑。

最后，他体力不支，倒在地上，死了！

古代波斯诗人萨迪曾说过："贪婪的人，他在世界各地奔走。他在追逐财富，死亡却跟在他背后。"

人活在世上，必须努力奋斗，但当我们为了自己、为了子女、为了有更好的生活而不断地"往前跑"、不断地"拼命赚钱"时，也必须清楚什么时候"该往回跑"。

2.剪去欲望的枝干

欲望出自于人的本能，太过于压制并不是好事。但是，如果欲望扰乱了我们的心神，让我们不得安宁，那就是应该修剪的时候了。

弘一法师认为："欲望是人痛苦的根源，因为欲望永远不能被满足。我们要做的是尽量将自己的生活简单化，减少对物质的过多依赖，简简单单的生活会让人觉得神清气爽。当然，我们不能要求每个人都做到清心寡欲，但至少我们可以在简化生活的过程中减少自己的欲望。我们会明白，即使我们缺少一些东西，生活还是一样能过得很好，甚至更快乐。"

在东京西郊有一座寺院，因为地处偏远，香火一直不旺。后来，这里来了一位新住持。这位住持很奇怪，刚到寺院就开始修剪寺院周围那些杂乱无章、恣肆张扬的灌木。其他僧侣不知住持意欲何为，向他询问用意，住持却笑而不答。

一天，有一位富翁路过此地，住持接待了他。喝完茶之后，住持陪富翁四处转悠。行走间，富翁问他，人怎样才能清除掉自己的欲望？

住持微微一笑，给了他一把剪刀，说道："只要反复修剪这些树，你的欲望就能消除。"富翁照着做了，一炷香的时间过去之后，富翁发现身体舒展轻松了很多，可是平日堵在心头的那些欲望好像并没有放下。住持淡然地告诉他，经常修剪就好了。

从那以后，富翁每隔一段时间就会来寺院修剪灌木。直至把灌木修剪成了一只大鸟的形状。后来，住持问他是否已懂得了如何修剪心中的欲望。富翁诚实地告诉他，虽然每次修剪的时候都能气定神闲，了无挂碍，但回到现世生活之后，心中的欲望依然会膨胀到几乎失控。

住持叹道："施主，其实我建议你来修剪灌木只是希望你每次修剪前，都能发现原来剪去的部分又会重新长出来。这就像我们的欲望，不可能完全把它消除，我们能做的，就是尽力把它修剪得更美观。对于名利，只要取之有道，用之有度，利己惠人，它就不应该被看作是心灵的枷锁。"

富翁大悟。此后，越来越多的香客开始来到这里修剪"欲望"，寺院周围的那些灌木也随之变得越来越美丽壮观。

欲望如树，生生不息，永无止尽，令人疯狂。欲望太多会使人失去心灵上的自由，成为心灵的负累，如果再任由它如野草般疯长，必定会把原本清净与安宁的空间全部挤占，让自己变成纯粹的欲望动物，陷入越来越多的烦恼与不安之中。

禁欲是极端，纵欲也是极端。剪去狂躁，才能冷静处事；剪去虚浮，才能脚踏实地；剪去过多的贪欲，才能保持清醒……剪去这些杂乱的枝干，才能拥有一颗宁静的心、奋斗的心和愉悦的心。

生活越简单，生命越丰富，尤其是少了欲望的羁绊之后，我们越是能够从世俗名利的深渊中脱身，感受自己内心深处的宽广和明净。因此，每一个人都应懂得修剪自己的欲望。

3.为人处世，贵在适可而止

当我们懂得适可而止时，欲望就像一个洁白的天使，引领我们一步步走向成功；而当我们贪婪无度时，欲望就像一个丑恶的魔鬼，破坏我们的每一步行动。

有人曾经将财富贴切地比作咸咸的海水，喝的越多越觉得渴，越渴越想再喝。因此，适度很重要。

你再喜欢吃某样东西，如果吃的过多也会感到腻味；你再喜欢听某首歌，听的过多也会感到厌烦。做人也是一样，当你想要得到的东西得到太多时，同样也会感到厌倦。不过，适度是很难把握准确的，任何事情做过了头只会收到反面效果。

一只几天没有吃饭的小老鼠钻进了一个盛满大米的缸中，看着美味的食物，小老鼠兴奋不已，放开肚皮吃了起来。它吃饱了就躺在里面睡觉，睡醒了接着吃。就这样，缸里的米越来越少，缸口与米的距离也一天天在拉长。小老鼠也想过：当米吃完了，自己就出不去了。可是，看着那白花花的大米，它还是经不起诱惑，打消了离开这里的念头。当小老鼠吃完最后一粒米时，它再也出不去了，最终被困死在了缸中。小老鼠不懂得适可而止，结果自毁性命。

这个故事也告诉人们：做任何事情都应该有个度，超越了这个度，事情就会发生质的变化。

漫漫人生旅途中，充满了灯红酒绿的诱惑，面对这些诱惑，许多人无法自控，他们想要得到的往往比自身的真正需求高得多。倘若一

空杯心态
做自己的减压教练

时得不到，有些人便可能会铤而走险，断送自己的前途。

从前有个穷书生，日子过得穷困潦倒，每天只会满口地念"之乎者也"。他家里什么都没有，就连睡觉的床也是用一个长凳来代替。尽管如此，书生却不去用双手赚钱，总是祈祷佛祖能赐给他一个发财的机会。佛祖看他实在可怜，便给了他一个看似十分普通的布袋，并对他说："这个袋子中有一个金币，当你将它拿出来之后，里面就又会有一个金币。不过，只有当你将这个布袋还给我的时候，才能使用这些钱。"

穷书生听了，高兴得嘴都合不拢了，这样天大的好事竟然真的降临到自己头上了。他开始不断地往外拿金币，整整几天几夜都没有合眼，地上到处都堆满了金币。这些钱就算是他这辈子什么也不做，也足够花了。可是，他舍不得将袋子还给佛祖，他对自己说："我现在还不能将钱袋还回去，钱应该越多越好！"结果，穷书生累得倒下了，他死在了钱袋旁边，而他的屋子里到处都是金币。

很多人都在笑书生的"傻"，可若他们自己遇到这种事，就不会这样做了吗？人就是太"贪心"，所以才会不甘心。很多时候，并不是拥有的东西越多越好，懂得适可而止的人往往能够获得更多快乐。

生活就像是一杯水，不论你用的是玻璃杯还是水晶杯，甚至是陶瓷杯，都不能说明什么，因为杯子里的水对于每个人来说都是一样的。每个人都有权利往杯子里放入一些东西，可以是任何东西，只要你喜欢。不过需要注意的是，必须适可而止，因为杯子的容量毕竟是有限的，你加进去的东西太多，水就会溢出来，让你失去更多。所以，不要计较太多的得与失，也不要让自己有太大的心理包袱，好好享受成功和努力的过程就好。

4.不要让攀比毁掉你的幸福

生活中，只要细心留意，种种由攀比导致的闹剧、悲剧几乎每天都在上演。

其实，那些整天过得闷闷不乐，对自己的处境感到不满的人，并不一定是因为自己的处境有多么悲惨，而是因为他们暗自将自己的生活状况拿去和别人攀比，看到生活状况比自己好的朋友、同事、同学等，就总觉得别人比自己更幸运、更幸福。而自己呢？无形之中好像成了最不幸的一类人。这样一来，还怎么能够活得开心、过得幸福呢？

有一位年过七旬的老人，在参加战友聚会回家之后，因脑溢血而住进了医院，多亏抢救及时才保住了生命。原来，在聚会时，他知道了现在战友们的生活情况要比自己好许多，留在部队的人，有的升了正军级，当上了将军，最普通的也是师级干部；转业从政的战友中，有的成了厅局长，有的是县处级；复员转业后经商的人，更是让人刮目相看，个个财大气粗，穿着名牌，住着别墅，开着宝马……老人一想到自己，转业后只当了个小工厂的车间主任，单位效益不好，退休后养老金不多，再加上老伴看病、儿子下岗，一家人过得紧巴巴的。和人家比一比，再想想自己，越比越生气，一着急差点送了命。

俗话说："人比人，气死人。"如果两个人真要攀比，就算两人都是亿万富翁，恐怕攀比的结果也不会让自己如意。虽然两人的财富一样多，但是生活上总会有差距。如此一来，总拿自己的短处去比别人的长处，岂不是自己跟自己过不去？事物总是在不断变化的，我们应该保持一颗平常心，不以物喜，不以己悲，在待遇和生活方面不与比自己高的人去攀比。

美国作家亨利·曼肯说："如果你想幸福，有一件事非常简单，就是与那些不如你的人，比你更穷、房子更小、车子更破的人相比，你的幸福感就会增加。"如果我们对生活现状不满意，就想一想过去的艰苦岁月，比一比那些仍然缺吃少穿的穷人，给自己一点安慰，它会让你感到幸福和快乐无时不在，无所不在。而盲目的攀比，则会毁掉一个人的幸福，让人痛苦不堪。

一只乌鸦看到老鹰叼走了一只绵羊，嘴馋的乌鸦便想：老鹰能抓羊，我为什么就不能呢？老鹰有爪子，我也有；老鹰会飞，我也会。在这种想法的驱使下，不甘心的乌鸦决定仿效老鹰的样子：它盘旋在羊群上空，盯上了羊群中最肥美的那只羊。它贪婪地注视着那只羊，自言自语地说道："你的身体如此的丰腴，我只好选你做我的晚餐了。"说罢，乌鸦呼啦啦带着风直扑向那咩咩叫着的肥羊。

结果乌鸦不仅没把肥羊带到天空，它的爪子反而被羊卷曲的长毛紧紧地缠住了，这只倒霉的乌鸦脱身无术，只好等牧羊人赶过来逮住它并把它投进笼子，成了孩子们的玩物。

我们常常觉得自己过得不快乐，那是因为我们追求的不是真正的幸福，而是"比别人幸福"。不要去和别人攀比，幸福不幸福、快乐不快乐只有自己知道，适合你的，就是最好的。此外，还应该注意到，攀比心理主要来源于对他人的嫉妒，人一旦陷入这个旋涡就会难以自拔，久而久之定会损己害人。

　　从前,有一只小老鼠整天被猫追来追去,它感到十分烦恼。于是,它去求见上帝,央求上帝说:"你把我变成猫吧,这样我就不用被猫追了。"

　　上帝答应了,把它变成了猫。可是变成猫以后,它又被狗追来追去,它觉得还是老虎比较厉害,于是又央求上帝把它变成了老虎。可是,变成老虎后,它还是不满足,又苦苦哀求上帝把它变成大象,上帝没办法就答应了它。小老鼠变成大象后,突然有一天,它的鼻子痒得受不了,它恨不得把自己的鼻子割下来,后来,从它的鼻子里钻出来一只小老鼠。

　　这时,它才明白,原来做小老鼠也挺好的。

　　每个人都应该尽早认清自己,回到自己的生活中来,寻找自己的幸福,不要总把目光放在别人的身上。就像上面这个小故事里的老鼠一样,什么都想和别人攀比,等绕了一大圈回来,才发现,原来的自己其实才是最好的。

　　不和别人攀比,保持平和心态,是一种修养,也是一种生活的智慧。渴望幸福的人们,幸福就在你们的身上,还和别人攀比什么呢?

5.君子爱财,取之有道

　　天下熙熙皆为利来,天下攘攘皆为利往,芸芸众生皆不能免俗。物质是基础,没有钱会寸步难行,人们的日常生活、衣食住行哪一样也离不开钱。但是,君子爱财,也要取之有道,有的人对金钱的渴盼达到了极致，认为拥有钱就可以拥有一切，"有钱能使鬼推磨"。很多投机分子却总想歪门邪道，钻法律空子，在短时间之内可能横财冲天，但最终的结果必定是法网恢恢，疏而不漏，难逃法律的制裁。

　　许松学生时代是个风云人物，无论同学还是老师都对他赞誉有加。大学毕业后，他在某公司工作，平时常听到身边的同事说买了新车、换了大房子，心里渐渐有了落差，开始觉得愤愤不平：凭什么他们能开好车、住豪宅，而我不能呢？虽说每个月的工资不低，可要买好车好房还不知道要等到什么时候。他也想过跳槽，凭自己的本事每月多赚些，心安理得地生活也是个不错的选择。可转念一想，自己现在手上管着公司那么多钱，为什么不先赚一笔呢？赚到钱买车买房再跳槽也不迟，罪恶的念头就这样产生了。

　　他利用自己担任公司出纳的职务便利，将公司资金通过公司转账至其本人在银行的个人账户，然后再转至其股票账户，用于炒股。但股市有风险，几进几出，账户内的钱一下去了不少，为了防止被公司发现，他采用月初挪用资金，月底将钱还入公司的方法，将账做平，这样常常会出现"割肉"的现象，股票亏得更多。面对股票日益亏损的局面，他采用挪用更多的资金加大股本的方法，以期翻身。但结果不是被套牢，就是亏掉。不知不觉中，他挪用公司资金已达数百万元，他自己根本补不上这个亏空，走投无路的他猛然醒悟，向警方投案自首。

　　美好幸福的生活是靠脚踏实地的勤劳来获取的，靠投机取巧牟取暴利，只能带来一时之快，最终必将时时活在心不安理不得的"半夜生怕鬼敲门"的噩梦之中。

　　无论是君子也好，凡夫俗子也罢，取财之道都必须遵纪守法，符合做人的原则和品行，任何存在侥幸冒险心理的行为都会付出沉重的代价。

战国时期，某一天，齐国国王派人给孟子送来了一个箱子。孟子打开箱子一看，里面竟然装的全是金子。孟子立刻叫住来人，坚持不收，并让他们抬走了这箱金子。

第二天，薛国国王又派人送来五十镒金，这回孟子欣然接受了。孟子的弟子陈臻把这一切都看在眼里，觉得非常奇怪，忍不住问道："为什么您昨天不接受齐国的金子，今天却接受薛国的金子呢？如果说您今天的做法是对的，那您昨天的做法就是错的；如果今天的做法是错的，那么昨天的做法就是对的。可到底哪个是正确的呢？"

"我自然有我的道理。薛国周边曾经发生过战争，薛国国王请求我为他的设防之事出谋划策，今天他送来的这些金子是我应得的；至于齐国，我从来没有为他做过什么事情，这一箱赠金到底有何含义，我不清楚，但有一点是可以肯定的，那就是齐国想收买我，可是，你何曾见过真正的君子有被收买的？"孟子解释说。

陈臻似有所悟："原来辞而不受或者接受，都是根据道义来决定的啊！"

随着经济社会的高速发展，人与人之间的贫富差距越来越大，现实中的各种诱惑越来越影响着人们心灵的宁静。面对财富的诱惑，许多人都会定力不够，于是利欲熏心，进而不择手段。"心底无私天地宽"，无论从事什么样的工作，都要时时保持清醒的头脑，在面对本不该属于自己的利益时，从心灵深处排除私心杂念，脚踏实地，不投机取巧，努力拼搏，遵纪守法。这样，我们不仅会有道，还会有财，你的生活会因此而变得更美好，社会也会因此而多一份安宁与和谐。

6.不清净的财富根本不值得羡慕

许多人对财富的追求是很盲目的。在非洲大草原上，经常会出现这样一幕：当一只野兽在前面奔跑时，成百上千的野兽会毫无理由地跟着跑。许多人就像这些没头脑的野兽一样，看到别人追求财富，立刻不加思考地盲目跟风。这些人应该想一想：我一定要跟着别人去做吗？别人买了一栋豪宅，是不是我也要买？别人买了一辆轿车，是不是我也要买？

通过思考，有智慧的人会明白，其实一个人并不需要太多的财物，如果自己的欲望超出了经济承受能力，很可能会以造恶业的方式聚敛钱财，而且在追求钱财的过程中也会充满种种痛苦，这样自讨苦吃有什么意义呢？

许多人说："我是为了摆脱贫穷，过上富裕的生活，才不断地追求钱财的。"其实，贫穷和富裕是在心上安立的，在外境上寻求钱财根本解决不了问题。

有一个叫难陀的国王非常贪心，他拼命聚敛财宝，希望把财宝带到他的后世去。他想："我要把一国的珍宝都收集起来，不能有一点剩余。"

因为贪婪，他把自己的女儿放在楼上，吩咐她身边的人说："如果有人带着财宝来求见我的女儿，把人连他带的财宝一起送到我这儿来。"他用这样的办法把全国所有的财宝都弄进了自己的仓库。

有一个小伙子，看见国王的女儿姿态优美，容貌俏丽，很是动心。可他家里很穷，没法结交国王的女儿。不久，他就生病了，气息奄奄。

他母亲问他:"你害了什么病,病成这样?"

儿子把心事告诉了母亲,说:"如果不能和国王的女儿交往,我必死无疑。"

母亲对儿子说:"但国内所有的金钱宝物都被国王弄了去,到哪里去弄钱呢?"母亲又想了一阵,说:"你父亲下葬的时候,口里含有一枚金币,你如果把坟墓挖开,可以得到那枚金币,你用它去结交国王的女儿吧。"

小伙子挖开了父亲的坟,从他口里取出了那枚金币,然后带着金币来到了国王的女儿面前。国王的女儿便把他连同那枚金币送去见国王。国王见了,说:"现在,除了我的仓库,国内其他地方应该已经没有金钱宝物了,你是在哪里弄到这枚金币的?你一定是发现了地下的宝藏。"

国王用了种种刑具拷打这个小伙子,要问明白他找到钱的地方。小伙子说:"我真的没有发现什么地下宝藏。我母亲告诉我,先父死时,放过一枚金币在他的口中,我就去挖开坟墓,拿到了这枚金币。"

于是,国王派人去检验真假。使者去了,果然发现有这件事。国王听到使者的报告,心想:"我先前聚集这么多宝物,想把它们带到后世。可那个死人却连一枚金币也带不走,那我要这些珍宝又有什么用呢?"

从此,国王不再敛财,并把仓库中的钱财散发下去,一心教化民众,他的国家也因此而兴盛起来。

《宝积经》中说:"积财虽千亿,贪著心不舍,智者说此人,在世恒贫苦。"意思是说,有的人虽然积累了许多钱财,可他一直处于贪著的状态,智者说这种人恒时处于贫穷中。现在有些人已经有好几亿元的资产了,但他们还是不满足,这种人就是标准的"穷人"。此经中紧接着说："彼虽无一物，安住舍离心，智者说斯人，世间最富贵。"意思是说，有些人虽然没有任何财产，但内心很知足，经常处于清净的舍心中，智者说这种人是最富贵的人。

从前，阿育王经常大力供养僧众。有一次，宫中的一个婢女见到阿育王供养僧众，心中非常感伤：国王前世修福，现在享受富贵，如今继续修福，将来福德会更深厚；而我前世造了罪业，现在身份卑下，如今无钱修福，将来会更卑下，不知何时才有出期？僧众应供之后，婢女在扫地时得到了一枚铜钱，她以欢喜心将这枚铜钱布施给僧众。不久，婢女患病死去，死后，她转生为阿育王的公主，这个公主一生下来右手就紧握着，王妃将此事告诉阿育王，阿育王唤来公主，打开她的右手，发现她手中握有一枚金钱，而且随取随生，一直取不尽。

阿育王觉得非常稀奇，问耶奢阿罗汉："我这个女儿前世造了什么福德，手掌能生出金钱？"

耶奢阿罗汉回答说："她前世是您宫中的婢女，以扫地得到的一枚铜钱布施僧众，所以能成为大王您的女儿，并且手中金钱取之不尽。"

贫穷卑下的婢女以拾到的一枚铜钱做布施，这样不起眼的善根成熟后，就感得了如此稀奇的果报。如果人们能了知这样的因果，相信人人都会精勤积累福德。

即便以造恶业的方式暂时获得了财富，但在有智慧的人看来，这种不清净的财富根本不值得羡慕。如果钱财的来源不清净，即使暂时收入很不错，但最终不会有任何实义。

7.名利荣誉都不是你的东西

很久以前，有一个年轻的剑客，他喜欢到处向成名的剑客挑战。因为他的剑术高超，所以顺利地击败了所有的对手。

年轻的剑客听说在某地住着一位有名的剑客，传说他是一位传奇人物，剑术绝妙，无人能敌。于是，好胜的年轻剑客决定去向这位名剑客挑战。历经千辛万苦，他终于在一个山村里见到了这位名剑客。

年轻剑客原本以为自己见到的会是一位相貌堂堂、气质出众的大人物，谁知对方竟是一个不修边幅、长相普通的老人，而且又瘦又小，一点也没有剑客的威风。更出乎他意料的是，老人的剑已经锈得无法再从剑鞘中拔出来了。

面对年轻剑客的挑战，老人毫不理睬，只管低头吃饭。此时正是盛夏，屋子里有好多苍蝇在嗡嗡乱飞，忽然，老人连眼皮都没有抬起，伸手便用筷子从空中夹住了4只苍蝇，一字排开放在桌上，然后继续吃饭。

年轻剑客看得目瞪口呆，他原有的骄傲瞬间消失得无影无踪，他意识到自己的剑术根本不可能胜过这位老人。后来，他拜老人为师，潜心修炼，几年之后，他的剑也同样锈在了剑鞘里。

剑是锈了，可是心境却更澄明了。

真正的争斗不是去打败别人，而是战胜自己。只会用身外物和别人一较高低的人，根本不明白真正有价值的是什么。

空杯心态
做自己的减压教练

玛丽·居里出生在波兰华沙，1891年进入巴黎大学学习，1893年和1894年分别取得了物理学硕士和数学硕士学位。1895年，她与皮埃尔·居里结婚，开始了对放射性元素的研究。1898年7月，他们发现了一种新元素，命名为钋。同年12月26日，他们又发现了一种比铀的放射性要强百万倍的新元素镭。但当时还没有实物来证明镭的存在，科学界对他们的发现表示怀疑，也没有机构愿意为他们提供实验室做研究。居里夫妇只好在一个简陋的大棚子里做实验，历经了4年的艰辛提炼后，他们终于从8吨沥青铀矿渣中提取了0.1克纯镭，价值超过1亿法郎。这不仅赢得了科学界人士的普遍认可，还使他们成为了核物理学的奠基人，居里夫妇也因此共同获得了1903年诺贝尔物理学奖。

1907年，居里夫人提炼出了氯化镭。1910年，她测出了氯化镭的各种特性，并以《论放射性》一书成为放射化学的奠基人。"由于对科学的执着与贡献"，居里夫人于1911年获得诺贝尔化学奖。

在科学领域享有盛名的居里夫人，生活却极为简朴。曾有一位记者要采访她，当来到一所简陋的房子前，记者看到一个衣着简朴的妇人正赤脚坐在台阶上洗衣服，他过去询问居里夫人的住处，当那妇人抬起头时，记者大吃一惊，原来她就是居里夫人。

发现了镭之后，居里夫妇收到了很多请求他们告诉提炼镭的方法的信件，关于怎么处理这些信件，居里夫妇只讨论了5分钟就做出了决定。居里先生说："我们必须在两个途径中选择一个，一是无偿公开镭的提炼方法……"居里夫人说："这样很好，我赞同。"居里先生说："二是将提炼方法申请专利，以后任何人想提炼镭都要经过我们的同意，并且，我们的孩子可以继承这一专利。"居里夫人不假思索地说："这违背了科学精神，我们还是选第一个办法吧。"于是，他们向世界公开了镭的提炼方法和其他相关资料。

有一位女性朋友去居里夫人家里拜访,发现她的小女儿正拿着英国皇家科学院颁给居里夫人的金质奖章在玩儿,朋友大吃一惊,问道:"你怎么能把这么宝贵的东西给孩子玩儿呢?"居里夫人回答:"我想让孩子从小就懂得,荣誉就像玩具,只能玩玩而已,绝不能永远守着它,否则将一事无成。"

居里夫人以高尚的情操和献身科学的精神教育孩子,她的女儿瑞娜后来也成为了一名科学家,并像母亲那样获得了诺贝尔奖。

"一个人不应该与被财富毁了的人结交来往。"这是居里夫人的名言,而她也正是这样做的,不让自己被名誉和财富毁掉。当初那价值超过1亿法郎的0.1克纯镭,对于生活极其简陋的居里夫人并没有造成任何影响,她坦然地将0.1克镭无偿赠给了实验室,这份视名利如浮云的豁达实在令人赞叹。

谢先生在一家工艺品店看到了一副对联,青花瓷字,镶在两片大板上,显得很突出,字体属草书,约是清朝中叶烧制。问价钱,不便宜,他心想以后再说吧。过了半年,又路过那家工艺品店,青花瓷字对联还在,谢先生再问价钱,比原来要便宜一些,但他还是觉得贵了,摸摸看看,许久才下决心离开。

又过了几个月,谢先生整理家具时忆起那一副对联,于是又来到工艺品店。

老地方,对联还放在那里,他又一次问价,老板微笑着说了一个价格,谢先生实在诧异,问道:"怎么比第一次开的价钱少一半?"

因为实在是喜欢这副对联,价格又合适,所以谢先生这次毫不犹豫地买下了它。他将对联带回家,挂在客厅里,中间是达摩祖师的画像,右联"有忍乃有济",左联"无爱即无忧",远看近看都很庄重,谢先生十分喜欢。

因为买对联，谢先生与老板熟悉了起来，常来常往。

有一次，谢先生说："古董业有行无市，胡乱开价，不大好吧？"

老板说："没错，物件买卖总是如此，有人爱就有人抬，告诉你，那一副对联原价比卖给你的多一倍，知道为什么吗？"

谢先生摇摇头，老板说："有的商人看准了顾客的心理，这个时期，爱情都买得到，何况是物件，所以啦，爱而不忍，只得花钱当冤大头。你说的有行无市，正是这样的起因……"

"对不起，"谢先生插话，"我想知道，为什么便宜卖给我？我并不特别，是个很平凡的人。"

老板哈一声："就是了，我也是平凡人。问题是，现在有太多自以为了不起的人，平凡人反而少见呢。"

谢先生一时无语。老板取换茶叶，茶壶空着，谢先生顺手拿来看，吃了一惊，茶壶是清朝的古董。老板将一捧茶叶放进茶壶，漫不经心的样子："看出来啦？别玩儿茶壶，假货多，真货贵，让那些有钱人去玩儿吧，过几天也许就卖出去了，你不妨多看几眼，但不必问价钱。"

老板倒水入壶："我说呢，你做个参考吧，玩古董跟做人一样。记得，无忍则无济，有爱即有忧，这是倒过来思考，不是大哲理，却是很多人做不到的。"

几个月之后，谢先生再去那家店，发现店已关闭了，邻居说老板已经去世了。一个30岁左右的妇人说："他啊，怪人啦！连钱都不爱，乐天乐天的，生前卖掉了所有的古董，不久就去了。不太了解他，奇怪，问他做什么？"

看看世间，有多少人正把玩具当成自己真正的人生死守不放呢？

禅偈语说："岩松无心，风来而吟。"意思是说，山岩上的松树不是有意摆出一副姿态来显示自己傲然独立的品质的。它静静地挺立在山岩上，当山风吹来的时候，松树枝叶呼应，展现出自己的风采和风韵，风一停，它又恢复原来的自然姿态。

做人也是一样，名利荣誉都不是你内在的东西，是风吹来的，你应该以自己的自然本色生活，这样就能摆脱一切烦恼，享受生活的快乐。

8.和诱惑保持足够的安全距离

在物欲横流、灯红酒绿的今天，摆在每个人面前的诱惑实在太多了，特别是对有权者来说，可谓"得来全不费工夫"。这就需要保持清醒的头脑，勇于放弃。如果抓住想要的东西不放，甚至贪得无厌，就会带来无尽的压力和痛苦不安，甚至毁灭自己。

人生总会面临许多诱惑，它之所以被称为诱惑，是因为它对人具有巨大的吸引力，动摇人们的意志，使人们做出违背自己意志的选择。诱惑都是美丽的，它也许是你饥饿时的一块大蛋糕，也许是大把的钞票，也许是梦寐以求的职位……

某大公司准备以高薪雇用一名司机，经过层层筛选和考试之后，只剩下3名技术最优良的竞争者。主考者问他们："悬崖边有块金子，你们开着车去拿，觉得能距离悬崖多近而不至于掉落呢？""两公尺。"第一位说。"半公尺。"第二位很有把握地说。"我会尽量远离悬崖，越远越好。"第三位说。最终，这家公司录取了第三位。

　　像幸运与灾难一样，诱惑在人的生活中也扮演着重要角色。诱惑无处不在，职场中，诱惑以其更多的姿态出现，如金钱、名誉、身份、地位、不能兑现的谎言等。臣服于诱惑将给我们带来职业生涯和人生的不幸与灾难。认清诱惑，经常性地进行自我反省，和诱惑保持足够的安全距离，才能保证健康的自我发展空间。

　　人生在世，我们必须与各种各样的人打交道，在这过程中，势必会与许多说不清的风险相遇。但是，如果缺乏对自己负责的态度和对内外风险的防范之心，就可能造成生命财产、情感、事业等多方面的破坏。如何保护自己，让自己的生命、事业等都得到必要保证，是基本的生存之道。

　　我们有时会遇到别人对你甜言蜜语，给你种种好处的情况。甜言蜜语使人十分舒适，而种种好处更使人陶醉。然而，最甜蜜的举止，也许就是最毒的药物；最大的好处，也许就是最深的陷阱。

　　有许多念头和情感是有毒的，像牛蒡草一样黏在你身上，像蜜蜂一样刺你。所以，不要随意放纵自己，不要轻易向各种诱惑低头，坚持自己的方向与计划，管理好自己的人生。否则，你很可能随波逐流，贪图眼前的一点点安逸享受，而损失掉生活中真正的财富。

(减)(压)(练)(习)

清晨的冥想和感恩

当闹铃停止时想着:真好,我还活着!

也许,一天中最美妙的事莫过于早上醒来,发现你自己还好好地活着!休息了一整夜,你什么都没有付出,可你所有的身体系统的状态都非常良好:你的心脏一如既往地跳动着;你的肺部张弛着,将适量的氧气运送到血液中;你的骨髓生成红血球和白血球;你的大脑将微妙的电子般的信息发送到你的神经;所有的细胞组成了一个活跃的大熔炉,有效地吸收营养,巧妙地排出废物。当你沉醉在梦乡中的时候,你的体内发生了这么多美妙、复杂又微小的变化,而上面列举的这些仅仅只是其中的一小部分。

抱怨那些不顺心的事很容易,但要你注意平时熟视无睹的事却很难。"真好,我还活着"的想法会让你摆脱这种不平衡。毫无疑问,在早晨选择怎样开始新的一天将对这一整天产生重要的影响。不要担心,你不必举重或做俯卧撑,你要做的就是学习"心怀感激"之道,但你要在前一夜做好准备。

将闹钟设置的时间提前两到三分钟,试着找一段时间保持安静。或许在半睡半醒时,你就会听交通报告,那么请忘掉它,下决心在闹钟停止的那一刻关掉收音机。如果你已习惯了一睁眼就打开电视,放弃这种打算吧,天气预报等会儿再听。

提醒你的爱人或同伴,明天你要将聊天时间提前几分钟。如果在凌晨有警报声几乎让你发疯,随它去吧,把你的抱怨留在早餐后再说。

前一夜就决定好你将在什么地方做这项练习。你可以在躺在床上的时候做,可以在冲澡的时候做,同样,坐在你卧室的椅子或床上也可以（如果你有室友、孩子或其他家庭成员，应放弃考虑在起居室或吃早饭的时候练习，因为他们可能会干扰你的锻炼）。

根据你平日起床后迷糊的程度，你可能在到决定做冥想的地方之前想先冲个凉或用冷水洗洗脸，也可能想先在周末时练习一番，那样，你的时间会更充裕。那么，当你在周末做了几次后，要在平日里接着练习。

尽管你体内在夜间发生了许多奇妙的变化，但请关注你的心脏。初学者要做几次长长的深深的呼吸。如果你坐在椅子上，那就轻轻地伸长脊椎并放松双肩；如果你躺在床上，可以选择一个舒服的姿势，下背要有所支撑，躺着时，在膝盖下垫一个枕头是很好的做法。总之，要找到你觉得最舒服的姿势。

再回想一下你心脏的巨大成就。这块坚强的肌肉也是你体内最结实的一块肌肉，一整夜不停地跳动着。它有着惊人的品质，不畏艰险地始终保持着跳动。

无论你是在公园里滑冰刀还是在剧院里打盹，你的心脏始终在工作着。不管你是为了节俭在商店里讨价还价，还是在享用鱼子酱，这块充满能量的肌肉仍在工作着。在夜间也是一样。不论你是沉醉于巴厘岛度假的美梦，还是在考试的噩梦中挣扎，你的心脏总是忠实而顽强地工作着，就像节拍器那样平稳，无须你给予任何帮助。其实，就大小来说，还可以把它比作棒球或橘子（当然，心脏的大小因人的身体块头而异）。然而，它非常强大，每天能传送约7570升的血液。

这多么令人惊奇啊！这块肌肉不停地将血液送到你的大脑、所有的骨头、肌肉和器官中。于是，一个个绝妙的氧气包和营养包也被稳定地送到了你全身的每个细胞中。如果你昨晚睡了8个小时，你的心脏就跳动了约29000次。如果你今年32岁，你的心脏将在这32年中跳动10

亿多次。

心跳会在爬楼梯时加速,休息时减速,也会在你心爱的人出现时扑腾一下。它是你最亲密的坚定可靠的朋友。

做几个长长的深深的呼吸,在想象中拍拍这个朋友的肩,它应该得到大大的奖赏。无论今天有多么令人畏缩的任务等着你,无论你将接受什么样的挑战,你都要感谢你的心脏。正是昨夜它出色的工作才让你有了今天的一切。再花一点时间慷慨地给予这个绝妙器官完美的表现更多的赞赏吧。

啊,你完整而灿烂地活着,这是多么好的馈赠!

第八章

倒空狭隘之杯：
气度决定人生的高度

我们若能宽待身边的每一个人，那么处处都会变得和睦融洽，我们所生活的世界也会因此成为人间净土。

——星云大师

1.原谅那些曾伤害过我们的人

古希腊神话里有一个大英雄名叫海格里斯。一天，海格里斯走在坎坷不平的山路上，发现有个袋子一样的东西挡住了去路，便踢了那东西一脚。没想到，那东西不但没有被踢破，反而膨胀起来，变得更大了。海格里斯愤怒不已，抡起一根碗口粗的木棒去砸那东西，结果，它竟膨胀到把路给堵死了。

就在这时，一位圣人从山中走出，他对海格里斯说："快别动它，朋友，忘了它，离它远去吧！它的名字叫仇恨袋，你不侵犯它，它就会小如当初；你若侵犯它，它便会膨胀起来，把你的路给挡住，和你敌对到底！"

是啊，"仇恨袋"不过是个象征。报复的火焰一旦燃烧起来，可以让人的理智窒息；报复如同一把双刃剑，在你报复别人的时候，也正有一把剑在刺向自己。所以，当遭遇背叛伤害时，我们应该选择理智而不是冲动，选择宽容而不是报复，选择放下而不是执着，这样，才能真正走出伤害，重新开始自己的生活。

原谅可容之言，饶恕可容之事，包涵可容之人，时时宽容，常常忍让，才能达到精神上的制高点，"一览众山小"才会宠辱不惊，心境安宁。而被宽恕者自会感恩图报，以求心灵上的自我救赎，这样便达到了"双赢"的效果。

美国第三任总统杰斐逊与第二任总统亚当斯的关系曾经非常恶劣。

杰斐逊在就任前夕到白宫想告诉亚当斯，他希望针锋相对的竞选活动并没有破坏他们之间的友谊。但据说杰斐逊还没来得及开口，亚当斯便咆哮了起来："是你把我赶走的！是你把我赶走的！"从此，两人不再交谈达数年之久，直到后来杰斐逊的几个邻居去探访亚当斯，这个坚强的老人仍在诉说那件难堪的事，但接着冲口说出："我一直都喜欢杰斐逊，现在仍然喜欢他。"邻居把这话传给了杰斐逊，杰斐逊便请了一个彼此皆熟悉的朋友传话，让亚当斯也知道他的深重友情。

后来，亚当斯回了一封信给他，两人从此开始了美国历史上最伟大的书信往来。

宽容，最重要的因素便是爱心。原谅那些曾伤害过我们的人，不是一件容易的事，但如果我们这样做了，就能从中体验到宽容的快乐。我们应尽量以愉快的心情处理生活上的各种问题，即使忍无可忍，也应用理智来抑制情绪，最终使大事化小，小事化了。

有一位著名的音乐家，在成名前曾经担任过俄国彼德耶夫公爵家的私人乐队的队长。

突然有一天，公爵决定解散这支乐队，乐手们听到这个消息时，全都面面相觑、心慌意乱，不知该如何是好。看着这些和自己一起同甘共苦许多年的亲密战友，乐队队长睡不安寝、食不甘味，绞尽脑汁，思来想去，忽然有了一个主意。

他立即谱写了一首《告别曲》，说要为公爵做最后一场独特的告别演出，公爵同意了。

这一天晚上，因为是最后一次为公爵演奏，乐手们表情呆滞、万念俱灰，根本打不起精神，但看在与公爵一家相处这些日子的情分上，大家还是竭尽所能、尽心尽力地演奏了起来。

这首乐曲的旋律一开始极其欢悦优美，把与公爵之间的情感和美好的友谊表达得淋漓尽致，公爵深受感动。渐渐地，乐曲由明快转为委婉，又渐渐转为低沉，最后悲伤的情调在大厅里弥漫开来。

这时，只见一位乐手停了下来，吹灭了乐谱上的蜡烛，向公爵深深地鞠了一躬，然后悄悄地离开了。过了一会儿，又有一名乐手以同样的方式离开。就这样，乐手们一个接着一个地离去，到最后，空荡荡的大厅里只留下了乐队队长一个人。只见他深深地向公爵鞠了一躬，吹灭了指挥架上的蜡烛，偌大的大厅刹那间暗了下来。

正当他也像其他乐手一样，独自默默地离开时，公爵的情绪已经达到了顶点，他再也忍不住了，大声地叫了起来："这到底是怎么一回事？"他真诚而深情地回答说："公爵大人，这是我们全体乐队在向您做最后的告别呀!"这时,公爵突然省悟了过来,情不自禁地流出了眼泪:"啊!不!请让我再考虑一下。"

就这样,他用一首《告别曲》成功地使公爵打消解散乐队的念头,他就是被誉为"交响乐之父"的世界著名音乐家——海顿。

现实生活中,作为芸芸众生的你我有不少人会这样做:你对我不好,我也不会对你好。比如,在被抛弃、被辞退、被退学的时候,往往会愤愤离去,甚至采取报复行为。

但海顿深知,即便是最后的时光,也要无限美好地离去,为的是给双方留下一些更美好的或是更值得回忆的东西。结果,他真情大度的告别扭转了局面。

春秋时,齐襄公被杀后,公子小白和公子纠为争夺王位而战。鲍叔牙助公子小白,管仲助公子纠。双方交战中,管仲曾用箭射中了公子小白衣带上的钩子,公子小白险遭丧命。后来,公子小白做了齐国国君,即齐桓公。齐桓公执政后,任命鲍叔牙为相国。可鲍叔牙心胸宽广,有知人之明,坚持把管仲推荐给齐桓公。他说:"只有管仲能担任相国要职,我有五个方面比不上管仲:宽惠安民,让百姓听从君命,我不如他;治理国家,能确保国家的根本权益,我不如他;讲究忠信,团结百姓,我赶不上他;制作礼仪,使四方都来效法,我不如他;指挥战争,使百姓更加勇敢,我不如他。"齐桓公也是宽容大度的人,不记射钩私仇,采纳了鲍叔牙的建议,重用管仲,任命他为相国。管仲担任相国后,协助齐桓公在经济、内政、军事方面进行改革,数年之间,齐转弱为强,成为春秋前期中原经济最发达的强国,齐桓公也成就了"九合诸侯,一匡天下"的霸业。

林肯总统对政敌素以宽容著称，这引起了一些议员的不满。林肯微笑着回答："当他们变成我的朋友，难道我不正是在消灭我的敌人吗?"这话一语中的。多一些宽容，公开的对手或许就是我们潜在的朋友。

2.不要浪费时间去报复

由于每个人的性格爱好、文化水平、工作生活等都不同，相处久了，难免会发生磕磕碰碰和矛盾冲突，严重的甚至会产生仇恨的心理，导致兄弟反目、婆媳不和、同事争执等。其实，有些矛盾只是些小矛盾，只要一方豁达一些、大度一些，该宽容的宽容，该忘记的忘记，问题就会迎刃而解，干戈也会化为玉帛。

然而，现实中，总有那么一些人，心胸狭隘，小肚鸡肠，处事总是持"宁可我负人，不可人负我"的态度，对别人的不是总是斤斤计较、毫发必争，最终弄得小事化大，使矛盾进一步恶化。

从前，有一个穷秀才在集市上卖字画。有一天，他看见不远处前呼后拥地走来一位富家少爷。秀才知道这位富家少爷的父亲在年轻时曾经欺辱、迫害过自己的父亲，自己的父亲也因此忧郁而死。所以，见到这位少爷，秀才的心底不由得涌起一股仇恨的情绪，虽然这位少爷并不了解这一切。

这位少爷被秀才的一幅花鸟画深深吸引住了，他在画前流连忘返，不愿离去，想要买这幅画。秀才却将画卷收了起来，并声称不卖给他。

这位少爷是位痴情任性的人，对那幅画始终难以割舍，不能忘怀。从此以后，他便因为这幅画求而不得而得了心病，日渐憔悴。

最后，少爷的父亲出面，表示愿意为这幅画付一笔高价。可秀才宁愿把画挂在自家堂屋的墙上，也不愿意卖给他。秀才阴沉着脸坐在画前，自言自语地说："这就是我的报复，父债子偿。"少爷的父亲没有买到画，失望地回去了。没过几天，那位少爷就死了。

但秀才并没有得到报复后的快感，他连日梦见那名小少爷天真的笑脸，这使他的良心受到了谴责，终日痛苦不已。有一天，他应人要求画一幅佛像。可是，他画着画着，就觉得佛像与自己以往画的佛像有很大差异，这使他苦恼不已。他费尽心思地找原因，突然惊恐地丢下手中的画笔，跳了起来：他刚画好的佛像的眼睛，竟然是他心中仇人的眼睛，连嘴唇也是那么相似。他把画撕碎，高喊道："我的报复又回报到我头上来了！"

生活就是这样，面对别人的伤害，若一定要以其人之道还治其人之身，最后的结果与其说是报复了自己的敌人，不如说是更深地伤害了自己。

因此，不要对别人的伤害耿耿于怀，用别人犯下的错来惩罚自己，使自己痛苦。"当你伸出两只手指去指责别人时，余下的三只手指恰恰是对着自己的。"宽容的父母常用这句话教育他们的孩子。圣人说："怀着爱心吃蔬菜，要比怀着怨恨吃牛肉好得多。"

有个青年，总是愤世嫉俗，在学习、生活、工作中遭遇了许多误解和挫折。由于得不到别人的理解，他渐渐地养成了以戒备和仇恨的心态看待他人的习惯，总是对别人的小错误斤斤计较，仇恨那些不理解自己的人，弄得人际关系十分紧张。在压抑郁闷的环境中，他感觉

空杯心态
做自己的减压教练

整个世界都在排斥他，因此度日如年，几乎要崩溃。

有一天，他出门散心，登上了一座景色宜人的高山。坐在山崖上，他无心欣赏优美的风景，想着自己这些年的遭遇，内心的仇恨像开闸的洪水一样涌来。他忍不住大声对着空荡幽深的山谷喊："我恨你们！我恨你们！我恨你们！"话一出口，山谷里便传来了同样的回音："我恨你们！我恨你们！我恨你们！"他越听越不是滋味，于是又提高了喊叫的声音。他骂得越厉害，回音就越大越长，扰得他更加恼怒。

就在他再次大声叫骂后，身后传来了"我爱你们！我爱你们！我爱你们"的声音。他扭头一看，只见不远处的寺庙里，一位方丈正冲着他喊。

片刻后，方丈微笑着向他走来，笑着说："倘若世界是一堵墙，那么爱就是世界的回音壁。就像刚才我们的回音，你以什么样的心态说话，它就会以什么样的语气给你回音。爱出者爱返，福往者福来。为人处世，许多烦恼都是因为对别人斤斤计较、怀恨在心而产生的。你热爱别人，别人也会给你爱；你去帮助别人，别人也会帮助你。世界是互动的，你给世界几分爱，世界就会回你几分爱。爱给人的收获远远大于恨带来的暂时的满足。"

听了方丈的话，青年愉快地下了山。回去后，青年开始以积极、健康、友爱的心态对待身边的一切。他和同事之间的误解没有了，没人和他过不去了，工作比以往顺利了，他自己也比以前快乐多了。

如果我们的仇人了解到我们对他的怨恨使我们精疲力竭，使我们疲倦而紧张不安的时候，他们不是会拍手称快吗？我们为什么要用仇人的错误惩罚自己呢？所以，即使我们不能爱那些仇人，至少要做到爱自己。我们要使仇人不能控制我们的快乐、健康和外表。就如莎士比亚所说："不要由于你的敌人而燃起一把怒火，让心中的烈焰烧伤自己。"

因此，不要浪费时间去做那些毫无意义的报复，不要让自己的心因为报复而陷入更加痛苦的境地中。

3.对不喜欢你的人也要尊重

人生在世，我们每天免不了要与形形色色的人打交道，在这些人中，难免会有不喜欢你的人。如果你与他们个个都要较真，你一天不知道要得罪多少人，也不知道要生多少气。

别人不喜欢你，你也不喜欢他，这样，他就不存在了吗？你将厌恶写在脸上，或者与其针锋相对，只能说明你气量狭小。能容得下不喜欢你的人，并与之和睦相处，体现的不只是一个人的修养，更是气度和胸怀。

我们早就不是单纯的孩子了，至少要懂得与人为善，不轻易树敌的道理，遇到不喜欢你的人，适当的忍让，保持表面上的和谐，才能顾全大局。

虽然人的某种本能趋势就是与喜欢自己、欣赏自己的人靠近，而远离那些不喜欢自己的人，但是，生活中没有那么多的随心所欲，由于各种各样的原因，我们经常要与不喜欢自己的人相处，这就需要用到一些技巧：用真诚的态度对待每一个人，包括不喜欢你的人。

被后世誉为"全世界最伟大的矿产工程师"的哈蒙从著名的耶鲁大学毕业后，又在德国弗赖堡攻读了3年。当毕业后的哈蒙向美国西部矿业主哈斯托求职时，脾气执拗、注重实践、不太信任专讲理论的人员的哈斯托说："我不喜欢你的理由就是因为你在弗赖堡做过研究，我想你的脑子里一定装满了一大堆傻子一样的理论。因此，我不打算聘用你。"

这时，哈蒙没有怒气冲冲地为此事争执，反而假装胆怯，对哈斯托说道："如果你不告诉我的父亲，我将告诉你一句实话。"当哈斯托表示守约后，哈蒙便说道："其实在弗赖堡时，我一点学问也没有学回来，我尽顾着实地工作，多挣点钱，多积累点实际经验了。"

听完哈蒙的回答，哈斯托连忙笑着说："好！这很好！我就需要你这样的人。"

哈蒙了解了哈斯托的偏见后，并没有去斤斤计较，反而是尊重他的意见，维护他的"自尊心"，并巧妙地消除了他的顾虑。

学会和不喜欢你的人相处，并没有想象中那么难，摒除自己的偏见是最关键的。不喜欢某些人也并不代表一定要完全讨厌对方，只要我们能主动一点，改变对方的态度，就一定能将可能形成的敌对局面变成一片和谐。

第一，要增加接触的机会，对对方好一些。也许你选择躲避这些人，但多接触有助于改善关系。

第二，要投其所好，如果对方喜欢喝点小酒，那就私下请他喝点，如此可改善关系。

第三，大家在一起的时候，要主动地活跃气氛，多讲讲笑话，让大家一起乐一乐。

第四，保持适当的距离，不要因为对方不喜欢你而表现出不满。

第五，在关系僵持或恶化的时候，一定要主动表示友好，不要觉得难为情。

第六，包容和忍让是最重要的。哪怕你善待对方，对方还是对你不好，你仍旧要继续保持与对方友好的态度，毕竟连草木、动物都有感情，更何况是人呢？只要心存善念，不断地付出，对方一定会转变。

一个真正智慧的人，在对待不喜欢自己的人时，也会示以尊重，笑脸相迎，与之友好相处。这是气度，更是胸襟。

4.宽容是高贵的人格魅力

人生在世，注定要受许多委屈。而一个人越是成功，所遭受的委屈也就越多。智者懂得隐忍，往往选择原谅，让自己在宽容中强大。

有一天，一个强盗突然闯进禅院，朝着正在打坐的七里禅师恶狠狠地说："快把你们禅院的钱都拿出来，不然就对你不客气了！"

七里禅师平静地指着一个木柜，说："所有的钱都在里面，你自己去取吧！不过，希望你能够给我们留下一点，因为禅院快要没米了。"

强盗得手后，急着离开。这时，七里禅师说："你等等。"

强盗不解地问："你想干什么？"

"收了别人的东西，应该说声谢谢才对啊！"七里禅师认真地说。

强盗迟疑了一下，对禅师说："谢谢。"然后就跑了。

天网恢恢，疏而不漏，这个强盗最终还是被捕了。衙役把他带到七里禅师面前，问七里禅师："这个人曾经抢劫过你，是吗？"

强盗非常惶恐地看着七里禅师，他知道，只要对方说一声"是"，自己的下半生就将在监狱里度过。他心想："我完了，禅师没有理由不指证我。"

但令人没有想到的是，七里禅师竟对衙役们说："他没有抢我的钱，是我自愿给他的，而且，他也谢过我了。"

就这样，强盗逃过了一劫。但由于他还曾在其他地方犯过案，所以被衙门处以一年监禁。

在监狱中，强盗始终在想："七里禅师为什么没有揭发我呢？难道仅仅是因为自己对他说了声谢谢，他就宽恕了我的罪过吗？"这个问题始终困扰着强盗，但他也由此对七里禅师产生了敬重之心。从前，他在做坏事时候总觉得自己已经堕落了，无论自己将来如何改变，别人都不会宽恕自己。但现在，强盗终于明白，还有人能够宽容自己的愚蠢和邪恶，这人就是七里禅师。

强盗服刑期满之后，立刻来叩见七里禅师，真诚地恳请禅师收他为徒。

七里禅师笑着对他说："我可以宽恕你的罪恶，但这还不够，你自己必须要宽恕自己才行。从前的事情，你都忘了吧！从今往后，宽恕自己，宽恕别人，让你的生命重新开始。"

强盗顿悟，从那以后和七里禅师一起修禅行道，终成一代高僧。

七里禅师的宽容之心，能够让强盗走上正途，由此可见，宽容是一种强大的人格魅力。原谅他人一时的过错吧！凡事无须锱铢必较，不必耿耿于怀，做到这一点，你将会赢得更多的尊重。

《法华经》有云："我深敬汝等，不敢轻慢。何以？汝等皆行菩萨之道，当得作佛。"古人也说："敬人者，人恒敬之！""我敬人一尺，人敬我一丈！"宽容确实是一种博大的情怀，能够包容人世间的一切悲苦。

人一生的福气有许多种，但其中最可靠的，就是宽容和爱。因为这种福气并不来自外界，而是完全发自人的内心。拥有了宽容，就拥有了佛家所说的"福报"，生命也会因宽容而获得升华。

5.收起好胜心，让你赢我也没有输

有时候，言语很苍白无力，它并不能为我们带来实质上的利益，我们也很少能够单纯地通过言辞去说服别人改变立场，让人心悦诚服。即使别人嘴上说着"算你赢了，我说不过你"，也至多是个"口服心不服"。

一次，女婿上岳父家吃饭，进餐时，翁婿两人聊起了一条高速公路的修建问题。女婿强调：公路的进度一再推迟，是有关方面的错误；而岳父则不同意，认为公路本来就不该兴建。两人你一言我一语，争论渐趋激烈。后来岳父把问题扯到了"年轻人自私心重，没有环保意识"上，很显然是在批评女婿。女婿怕再争论下去会伤和气，便开始缓和下来，婉转地说："可能我们的看法永远也不会一致，可是，那没有什么。也许我们都是对的，也许我们都是错的，这也是未可知的事。"

女婿的一席话不仅给自己搭了台阶，也给争论双方打了圆场，避免了一场无谓的争斗。试想，如果女婿意气用事，与岳父继续争论下去，结果会如何呢？

当一个人不愿承认自己错了的时候，完全是情绪作用，跟事情本身已经没有关系了。当你自己错的时候，也许会对自己承认；如果对方处理得很巧妙而且和善可亲，你也会对别人承认，甚至为自己的坦白直率而感到自豪。既然你自己也是这种习性，为什么就不能理解别人也具有同样的习性呢？因此，不要把所谓"正确"硬塞给别人。

有一位汽车代理商，在处理顾客的抱怨时总是很冷漠，不肯承认是自己这方面的错误，总想证明问题的根源在于顾客。结果，他每天陷于争吵和官司纠纷中，心情一天比一天坏，生意也大不如以前。

后来，他改变了处理客户抱怨的办法。当顾客投诉时，他首先说："我们确实犯了不少错误，真是不好意思。关于你的车子，我们有什么做得不合理的地方，请你告诉我。"这个办法很快使顾客解除"武装"，由情绪对抗变成理智协商，事情也得以轻松地解决。就这样，这位代理商能轻松地处理每一件事情，生意也越来越好。

当我们说对方错了的时候，他的反应常让我们头疼；而当我们承认自己也许错了时，就绝不会有这样的麻烦。这样做，不但能避免所有的争执，而且可以使对方跟你一样地宽宏大度，承认他也可能弄错。

无论是做事还是做人，都不能由着自己的性子来。如果有人因你的一些夸张行为而夸你是"性情中人"，你就要小心了，那是在变相地谴责你无知、幼稚。

的确，人皆有七情六欲，遇到外界的不良刺激时难免会情绪激动，这是人的本能的生理和心理反应。但这种激动的情绪不可放纵，因为它可能使你丧失冷静和理智，不计后果地行事。

6.学会适应对方,而不是改变对方

人的一生就像是长途跋涉的旅途,谁没有经历过坎坷?谁没有遭遇过困苦?又有谁没有面临过挫折?当残酷的环境摆在你面前时,你需要做的不是和它硬碰硬,而是想办法改变自己,从而使磨难看起来不足为道。

一位大师对外宣称,经过几十年的修炼,自己已经学会了一套"移山大法"。这个消息传出去之后,很多人都慕名前来拜访学艺,希望可以目睹这一天下"奇观",更希望自己也能练就这般"奇术"。可是几年过后,徒弟们既没有从他那里得到一句移山的口诀,也未能目睹大师的移山绝技,都十分失望。

有一次,大师领着他的弟子们来到山谷中讲道,他告诉徒弟们:"信心是成就任何事情的关键,只要有信心,就没有什么不能做成。"他的一个弟子问道:"既然如此,那师父您有信心将对面的那座山移过来吗?也好让弟子们开阔一下眼界。"

大师说:"好吧,今天为师就教你们移山大法。"只见他盘坐在大山面前,大声地说道:"山,你过来!"大家都聚精会神地望着那座山,可大山却纹丝不动。这时,大师站起来跑到山的旁边,说道:"既然山不过来,那我们就过去吧。"

此时,众弟子都在笑师父,可大师却说道:"这个世界上根本没有移山大法,能移的只是我们的心而已。"

听了此话,众徒弟方如梦初醒。

是的，既然山不过来，那我们就过去吧！这句话看似平凡，却能够帮助人们化解许多冲突和困难。当用另外一种方法也可以达到目的时，又何苦执着于前一种无谓的努力呢！

虽然人们经常说"有志者，事竟成"，但事实上，想要到达成功的彼岸，仅有意志力是不够的。很多事情，即使你想到了也未必能够做到。就像故事中的大山一样，我们是不可能将它移动的，我们能做的就是自己走过去。倘若人人都抱着"你不过来，我也不会过去"的心态，那我们岂不是要错过许多风景？

在这个世界上，像这样的"大山"实在是太多了，我们没有能力移动它，至少是暂时没能力移动它，因此，只能从自身开始改变。

弘一法师说："假如别人不喜欢自己，那么请不要去强迫别人喜欢，只有把自己变得更加完美，才能得到他们的青睐；如果不能说服别人，那么请不要去埋怨对方的固执己见，只有把自己的口才发挥得更好一些，才能够得到他们的认可；如果顾客对产品不满意，那么请不要责备顾客过于挑剔，只有将自己的产品再完善一下，才能得到他们的承认。"

有一位从事摄影工作的摄影师，每年会给很多人照相，可关于照相，他却始终有一个心结，那就是每次照多人合影时，洗出来的照片上总会有人闭着眼睛。其实，他已经在尽量避免这个问题了，为了强调大家一致，他每次照之前都会高声喊道："大家请注意，我现在喊一、二、三，当我喊到三的时候会按快门，大家千万不要闭眼睛。"可是尽管如此，每次照片还是会有人闭眼。这些人看到照片自然会很不高兴，有些人还埋怨到："为什么单是我闭眼的那个时候，你按快门啊？你这不是存心要我出洋相吗？"后来，报影师终于想出了一个绝妙的办法：先是请所有拍照的人都闭上眼睛，听他喊"一、二、三"，当喊到三的时候再一齐睁开眼睛。果然,这样照出来的效果很好,大家都睁着眼睛,显得神采奕奕,皆大欢喜。

生活中,这样的事情还有很多,既然有些事情是不以人的意志为转移的,我们不妨试着从自身来改变一下,只有这样,人生才会更加丰富多彩。

适应是超越的前提,我们每个人的一切成长与进步都是通过"适应"来获得的。即使你想超越别人,你也必须首先学会适应,学会适应对方,而不是试图改变对方。

7.心若虚空,便能包容万有

生命就是一场静修的旅途,而你的静修之路能走多远,取决于你的心里能装下多少人、多少事。

周文王宽宏博大,为姜子牙拉车,换来了兴周八百年的贤臣;孟尝君有气量,对冯谖提出的种种高要求一一做到,得到了立业的好助手;诸葛亮用包容的心对待法正的睚眦必报,也为国家挽回了一颗忠诚的心;李世民宽恕了曾与自己作对的魏徵,得到了对国家大有益的诤臣……

可见,我们的"心"多大,拥有的东西就有多大;放在生活中,就是说,"空"才能成就万有,不"空"就没"有"。

有一天,佛陀与迦叶、阿难一起外出行化。途中口渴,见远处一位女子在井里汲水，佛陀便叫阿难去向女子化一杯水来喝。没想到这位女子看到阿难过来，很不高兴地说："你来干吗？"阿难答："要向你乞一杯水。"女子厉声道："我这里没有水，附近没有别人在这里，你不可以过来，赶快走，否则我拿扁担打你！"阿难无奈，只好空手回去。

之后，佛陀又让迦叶前去讨水。这次刚好相反，女子见到迦叶，态度大为转变，很温和地对迦叶说："有什么事情吗？"迦叶答道："因为口渴，想向你乞水。"女子亲手给迦叶倒了一杯水，然后又给他倒了一杯供奉佛陀的水。

阿难看到此番情景，觉得很奇怪，便问佛陀道："这位女子为什么给迦叶水而不给我呢？"

佛陀笑着道出其中之由来：这位女子前世做老鼠，死在路边，阿难和迦叶还未出家，两人刚好经过。阿难不仅没有怜悯之心，反而厌恶，捂着鼻子表示这老鼠臭死人了；而迦叶看到死老鼠身上有很多苍蝇，却悲悯地说："可怜的老鼠啊！死了还有那么多苍蝇在围攻！"说罢就发慈悲把它埋了。

如今老鼠转世为人，因为阿难过去曾厌恶她，种下恶缘，自然对阿难心生讨厌，哪里还会给他水喝呢？而迦叶对她有过埋葬的恩情，种下善缘，所以今生女子一见到迦叶就生欢喜心，原因就在于阿难没有慈悲之心。

林则徐曾经说过："海纳百川，有容乃大。"大海只有广泛吸取周围的河流，包容天下的雨水，它才会那样广阔无垠。而一个真正静心修行者的心能包容大海，一颗纯净的心需要另一颗纯净的心相互映照，一颗黑暗的心更需要一颗纯净的心照耀与沐浴。由黑暗而光明，由痛苦而幸福，这是一个漫长的灵魂洗礼。

星云大师形象地解释过："佛教里，有一个字可以来形容这个包容，那就是'空'。"空是因缘，是正见，是般若，是不二法门。空的无限，就如数字"0"，你把它放在1的后面，它就是10；放在100的后面，它就变成了1000。

大海收容了每一朵浪花，不论其大小，故大海成其广；天空收容了每一片云彩，不论其美丑，故天空成其大。一个人如果真的拥有比海洋和天空还要宽阔的胸怀，那他就达到了一种仁爱无私的境界。

8.扫除心灵上的灰尘

如果你珍爱生命，请你修养自己的心灵。人总有一天会走到生命的终点，金钱散尽，一切都如过眼云烟，只有精神长存世间，所以人生应该追求的是一种境界。

在纷纷扰扰的世界上，心灵当似高山不动，不能如流水不安。居住在闹市，在嘈杂的环境之中，不必关闭门窗，只任它潮起潮落，风来浪涌，我自悠然如局外之人，没有什么能破坏心中的凝重。身在红尘中，而心早已出世，在白云之上，又何必"入山唯恐不深"呢？

星云大师曾经用这么一个故事来说明心识的力量。

苏东坡作了一首诗偈，自许震古烁今，因为掩不住自得之喜，急忙叫家丁火速划舟送给居住在江南金山寺的佛印禅师，心想他一定会大赞特赞。苏东坡偈中题的是："稽首天中天，毫光照大千；八风吹不动，端坐紫金莲。"谁知佛印禅师看完后一语不发，只批了"放屁"二字，就叫家丁带回。接到回报的苏东坡瞪着"放屁"二字，直气得暴跳如雷，连呼家人备船。小船过了江，佛印禅师正站在岸边笑迎。苏东坡憋不住一肚子火，冲上前就嚷："禅师，刚才我派家丁呈偈，何处不对，禅师何以开口就骂人呢？"

佛印禅师哈哈大笑："我道你真是'八风吹不动'，怎么我一句'放屁'就把你打过江来了呢？"

佛教中把"利、衰、毁、誉、称、讥、苦、乐"八种最常影响我们内心世界的境风称作"八风"，苏东坡虽以为自己的心不再受外在世界的"毁誉称讥"等所牵动，不料还是忍不住小小"放屁"二字的考验。

修养心灵不是一件易事，要用一生去琢磨。心灵的宁静，是一种超然的境界！高朋满座，不会昏眩；曲终人散，不会孤独；成功，不会欣喜若狂；失败，不会心灰意懒。坦然迎接生活的鲜花美酒，洒脱面对生活的刀风剑雨，还心灵以本色。

生命中的河流虽曾被污染，但涤尽流沙便可以见到清澈的本性；良好性格的明镜虽然蒙上了尘土，但拭去灰尘终将闪光。大千世界，灰尘微不足道，它既不会遮挡视线，也不会遮盖心灵，但若任由灰尘慢慢累积，物体本相将会被掩盖直至变质，镜子将不再明亮，金子也将不再闪光。

现实如此，精神世界同样如此。就人类的心灵而言，它不是我们的头脑，也不是我们的心脏，但它就在我们的头脑里，在我们的心脏里，在我们的每一寸肌肤里。精神世界的灰尘就好比每个人内心里的自私、贪欲等。

皇帝想要整修京城里的一座寺庙，便派人去找技艺高超的设计师，希望能够将寺庙整修得美丽又庄严。

下面的人找来了两组人，其中一组是京城里很有名的工匠与画师，另外一组是几个和尚。皇帝不知道到底哪一组人员的手艺比较好，便决定给他们机会做一个比较。

皇帝要求这两组人员各自去整修一个小寺庙，3天后，皇帝要来验收成果。

工匠们向皇帝要了一百多种颜色的颜料，又要了很多工具；和尚们则只要了一些抹布与水桶等简单的清洁用具。

3天后，皇帝来验收。

他首先看了工匠们所装饰的寺庙，工匠们敲锣打鼓地庆祝工程的完成，他们用了非常多的颜料，以非常精巧的手艺把寺庙装饰得五颜六色。

皇帝满意地点点头，接着回过头来看和尚们负责整修的寺庙。他看了一下就愣住了，和尚们所整修的寺庙没有涂上任何颜料，他们只是把所有的墙壁、桌椅、窗户等都擦拭得非常干净，寺庙中所有的物品都显出了它们原来的颜色，而它们光亮的表面就像镜子一般，反射出从外面而来的色彩，那天边多变的云彩、随风摇曳的树影，甚至是对面五颜六色的寺庙，都变成了这个寺庙美丽色彩的一部分，而这座寺庙只是宁静地接受着这一切。

皇帝被这庄严的寺庙深深地打动了，最终的结果不言而喻。

我们的心就像一座寺庙，不需要用各种精巧的装饰来美化，只要让内在原有的美无瑕地显现出来就可以了。

与现实的灰尘相比，精神世界的灰尘无影无形，更具隐蔽性，更容易在精神世界堆积，让生命失常，让心灵失色。因此，我们必须学会扫除心灵上的灰尘。我们每天都要经历很多事情，开心的、不开心的，都在心里安家落户。有些痛苦的情绪和不愉快的记忆，如果一直压抑在心中，就会使人萎靡不振。所以，扫地除尘，能够使黯然的心变得明亮。把一些无谓的争端扔掉，生存就有了更多更大的空间。

⊙减⊙压⊙练⊙习

做个深呼吸

　　深呼吸，又叫横膈膜呼吸，能够让我们更放松。这与我们处理紧急事物的本能反应正好相反。本能反应是身体遇到紧急情况时所做出的反应，比如一辆失控的汽车从前面突然向你冲来，在这种情况下，出于安全，你会迅速跳开。此时，你的气息会加快（如急促地大口喘气），心跳会加速，血压也会升高，你的身体会充满肾上腺素和其他一些重要激素，你的瞳孔会扩大（这样你就会看得更清楚），你的汗腺也会变得很活跃（这也是你会发热出汗的原因）。

　　而在放松反应中，你的生理系统与紧张反应几乎完全相反。你的呼吸变缓，心跳减慢，瞳孔收缩，汗液也很少。简单地说，就是身体从紧张的模式中放松了出来，你开始安静。

　　令人惊奇的是，我们可以通过改变呼吸方式来进入放松反应。因为呼吸是一种很特殊的活动，我们一般都是无意识地呼吸，不管你在做什么，沉睡也好，迎风起舞也罢，你的肺都在吸入氧气呼出二氧化碳。解剖学上称其为自动功能，如同心脏的运行一样，不用我们说"你那样做吧"，它就让血液在身体里欢快地循环。

　　奇怪的是，虽然是自动地呼吸，但我们依然能控制它。也正因为如此，我们才能在潜入水下寻找珊瑚鱼时摒住呼吸，或在合唱时放慢呼吸以发出高音。此外，我们还能改变自己呼吸的特性，比如在"危机"之前，我们可以放慢呼吸获得片刻的宁静。

　　你可以给你的呼吸特性做一个实验，主要是关于呼吸的速度、节奏和感觉（急促还是缓慢）。你可以坐着，也可以躺着，有意识地试着

短促地浅呼吸几次 (如果你患有哮喘、肺气肿或恐慌症,可以跳过这一练习)。简单的顺序是:你开始担忧,甚至过度担忧。可能你会注意到胸部和肩膀变得特别活跃。记住:不要运动得太快,在几秒钟之内做大量的呼吸你会头晕的。现在回到正常的呼吸,接着长长地均匀地呼吸,然后更加放松地充分呼吸,最后进行腹部深深的呼吸。即使你不会横膈膜呼吸的技巧 (可能你还需要更多的练习),但做完以后,你会立即觉得比先前更宁静了。注意到不同的呼吸方式会让身体反应有多快了吧?这太神奇啦!当然,你还得经常练习深呼吸的技巧,在危机关头,深呼吸更管用。

深呼吸的另一个作用是什么?它能改善我们呼吸的效果。原理是这样的:当你呼吸时,氧气进入肺部并流向那无数的肺泡和微小的气囊,这些微妙的薄膜被环绕在无数的血管中。在这里,氧气被传送到血液中,并通过动脉进入大脑、肌肉、神经和内脏,为它们注入活力。

如果只是浅浅地呼吸,含有氧气的气流只会集中在肺上部三分之二处。而这一部分的血液对肺的下半部来说根本不够用。因此,浅呼吸时,你必须加快呼吸频率以获取足够的氧气。这意味着,与深呼吸相比,浅呼吸要求肺部和心脏必须更费力地工作。这样的结果是,你的脉搏跳动加快,血压也会升高。如果长期保持这种呼吸方式,你会感觉焦虑和疲惫。

但是,深呼吸能使氧气到达肺部深处,因此会有足够的血液把氧气传送到你身体的所有部位。这样,你的心脏在输出同量氧气的情况下,就可以更缓慢地跳动。你的心率放慢,血压就会降下来。简要总结一下就是:少些压力在心头,少些疲劳在你身。

从另一个角度来看,当你分别进行以胸式为主呼吸和以横膈膜式为主呼吸时,对比一下你每分钟和每天需要呼吸的次数。在第一种情况下,每分钟16~20次,或每天22000~25000次;在第二种情况下,每分钟6~8次，或每天10000~12000次。若两种呼吸达到了同样的效果，那么胸式呼吸要比横膈膜呼吸多费一倍力，而这部分是没有必要付出的额外劳动。

另外一个重要因素：浅呼吸时，你阻碍着血液中的空气，在低效地清理体内的排泄物——二氧化碳。血液中残留过度的二氧化碳会对血液的酸度产生不利影响，使你觉得又疲劳又紧张，简单直白地说，就是觉得有压力。

以上这些都是促使你做深呼吸的充分理由。而最好的理由就是你会感觉更好！

第九章

倒空抱怨之杯：
自叹命苦，不如采取行动

你可以继续自叹命苦，也可以采取新的行动，做点有益的事。如果你不肯割舍杂乱，你就得不到清幽和专注。

——奥义法师

1.人见人厌的抱怨者

人为什么要抱怨？抱怨过去需要良好的记忆力，抱怨未来需要丰富的想象力，抱怨还需要一张不知疲倦的嘴……抱怨真的是一项艰苦的劳动，可是有的人却把抱怨当成家常便饭。

不知道你是否注意到在你周围有这样的人：他们整天都在埋怨，似乎从来没有过顺心的事，没有过顺利的时候。这样的人，无论你什么时候和他们在一起，都会听到他们不停地唠叨埋怨，高兴的事全被抛在脑后，不顺心的事总被挂在嘴上。

所谓"抱怨者，人远之"，无论何时，大家都想离那些消极沉郁、抱怨不满的人远一点，他们的出现只会削减你积极的能量。比如，他们会跟你说"周围没一个好东西""老板这个人真不怎么样"，这很容易影响你的判断。长此以往，你真的会渐渐地对一切本来确定的事情产生怀疑，对美好、正直、善良的东西不再信任。

"近朱者赤，近墨者黑"。结交一些积极、优秀的朋友，可以从他们身上学到很多有益的东西，他们那阳光般的心态可以驱除人性的阴暗，让任何不良的习性无处遁形。但如果你结交的是一个整天对世界不满、对人生不满的人，在他的唉声叹气中，你也会被熏染得失去理想、正直、无私等一切正面的东西。

格林和他太太认识了一对夫妇，他们的儿子和格林的女儿同龄。4个大人有很多共同点，小孩子也喜欢在一起玩，所以两家人花了很多时间相聚、相处。然而，过了几个月，格林夫妇便不再期待这种聚会了。格林太太说："我真的很喜欢他们两个，可她每次一跟我说话，就只会抱怨先生。"格林告诉她，他和那家的先生单独相处时，他最常做的事就是抱怨太太。

他们发现，这对夫妻在发牢骚时段里，不但互相抱怨对方，甚至试图让格林夫妇去注意或谈论到底喜不喜欢对方。久而久之，格林夫妇便找借口疏远了这家人。

抱怨者不见得不善良，但常常不受人欢迎。抱怨能够毁坏人和人之间正常的关系，抱怨者的本意可能是想让别人替自己打开一扇门，但结果往往是敦促别人把那扇本来为你敞开着的窗也关闭了。如果你见到抱怨者就会远远躲开，那你自己就不要去做那人见人厌的抱怨者。

2.女性为什么爱抱怨

日常生活中，我们听到的抱怨有层次高低之分，有人把抱怨分为低级抱怨、高级抱怨和超级抱怨。所谓低级抱怨，是指因为基本的生存需要得不到满足而产生的抱怨，比如工资不够高、生活很劳累、工作环境恶劣等；高级抱怨则涉及人的自我尊重和自我价值肯定等问题，比如自己没有得到领导的肯定、没有发挥能力的机会、自己的付出得不到家人的认同等；超级抱怨往往是对整体环境而言，比如对于整个社会正义的期待等。抱怨者往往有一种忧患人世的危机感，抱怨社会并不像他所想象的那般美好。

在温饱已不成问题、社会飞速发展的今天，我们见到的多是其中的高级抱怨和超级抱怨。这些抱怨一般指向家庭和工作上的不满，且以女性居多。

"我哪点比她差？她的长相不如我，身材不如我，工作也不如我，为什么他会看上她，真是气人。"

"你看，我和她做一样的工作，我们的业绩不相上下，但我的资历比她还老，凭什么提她做经理？"

"看人家爱丽丝，都已经开上豪华跑车了。可是我呢？什么都没有。你和她老公是同学，你怎么就差别人那么远呢？"

"为了这个家，我付出了多少啊，每天操劳这、操劳那的，到头来，你却说我不够体贴温柔，这日子没法过了。"

……

其实，女性的很多抱怨都来自自己的不独立。由于从小受到传统观念的熏陶，习惯于设想未来的自己是贤妻良母，而不是一个独立的社会人。当社会提供机会让她们独立，过一种不依靠男人的生活时，从小养成的依赖心理又会使她们犹豫不决，甚至会因失去了男人的依靠而感到惶恐和不安。女人是一个矛盾体，她们既渴望生活带给她们发现自我和实现自我的机会，以维护自己的尊严，又不愿意承担过多的责任，害怕承担责任产生的紧张、压力和不稳定。

如果女人在心理上过于依赖别人，就会把自己的快乐和成功寄托在别人身上。当把快乐和成功寄托在男人身上时，如果男人无法给她带来满足，就会大大折损她的幸福感，于是，她就会开始抱怨男人；当把自我实现的愿望寄托在领导身上时，她就会对领导的批评或表扬格外敏感，一旦领导批评自己，就会觉得无法忍受，仿佛整个天都要塌了。

抱怨其实是怯弱无能的表现。凡是有能力的人，无论是遇到困难，还是陷入不利的境遇，总能冷静地考虑对策，依靠自己的努力去征服困难，扭转被动局面；而懦弱无能的人，碰到一点小小的困难就会束手无策。既然没法依靠自己的力量和智慧去战胜困难，就免不了怨天尤人、牢骚满腹。

有一句谚语这样说："如果说不出别人的好话，不如什么都别说。"那是在告诫世人，为人处世时要学会尊重和赞美他人，至少也应做到谨言慎行。可惜的是，这句话并没有引起足够的重视。

在当今社会，小到一个家庭，大到一个跨国公司，到处都是永不止息的抱怨。工作环境不好，你抱怨；领导没给你加薪，你抱怨；经济不景气，你抱怨；老公赚的钱不多，你抱怨……生活的方方面面，无处不在你的抱怨之中。

但是想想，抱怨能解决问题吗？抱怨工资待遇不好，你的薪水不会提高，反而有可能因为你长期的逆反心理而使工作状态不佳，从而导致工资不升反降；抱怨同事不好相处，这样你就不会去积极地想办法改善你们的关系，也不会自省自己有什么缺点，总是自己一个人生闷气，甚至变得更加小肚鸡肠，你和同事之间的关系也变得越来越僵；抱怨男人对你疏远，当你变成一个怨妇的时候，只会让你的魅力降低，让别人更想离你而去；抱怨自己的运气不好，既然是运气，那就肯定有好有坏，就像掷色子一样，不可能总是6点，你再抱怨也是一样的结果，相反，可能还会让你错过弥补过失的时机。

抱怨会破坏我们头脑中的积极意识。比如，当产生抱怨的意识，我们就会放下手中的活，开始拼命为自己找理由、鸣不平。长此以往，不但影响工作的完成，影响心情，还会形成一种抱怨惯性，一有什么事情违背了自己的心意，就无法冷静，然后抱怨起来。

荀子说："自知者不怨人，知命者不怨天，怨人者穷，怨天者无志，失之己，反之人，岂不迂乎哉！"有自知之明的人会选择生活的道路，时刻把握命运的主动权。

"牢骚太盛防肠断，风物长宜放眼量"。遇到不美满的事情要"放眼量"、想得开，做个豁达、洒脱的人。清朝的胡庵这样说："思量疾厄苦，无病便是福；思量悲难苦，平安便是福；思量死来苦，活着便是福。也不必高官厚禄，也不必堆金如山。一日三餐，有许多自然之福，我劝世人，不可不知足。"珍惜生活中美好的东西，而无视那些不美好的，心情才会豁达开朗，生活才会更加丰富多彩。

3.找出抱怨的源头

其实，我们都知道，抱怨只是一种情绪的发泄，于事无补，不停地抱怨只会放大原来的烦恼。如果想抱怨，生活中的一切都可能成为你抱怨的对象；如果不抱怨，换一个角度想问题，你会发现，通过你的努力，你能改变很多事情，并获得成功和幸福的体验。

比如，你选择了做幼儿园老师，虽然工作中有很多不如意，但你并不愿意转行。那么，这就需要你改变自己对工作的看法：怎么做才能让自己更喜欢这个工作？在改变中，你会体验到乐趣，扫除抱怨，让你拥有创造力，拥有聪明才智发挥的空间。

所以，在行走之前，先扔掉抱怨这粒鞋中的沙子吧！

首先，分析一下你属于哪种抱怨。

（1）期望不合理

抱怨最直接的诱因是对现状（包括自己、他人、环境等）不满，这意味着当事人的内心有一个标准或期望值。

"为什么我父母不是富翁？"

"为什么老板没有让我晋升？"

"为什么我不能受到更多的训练？"

"为什么我没有做到？"

"为什么没人告诉我应该这样做？"

"为什么我就是找不到爱我的人？"

……

所有这些"为什么"控制着你的心态和情绪，让你把生命中的很大一部分精力和时间都投在抱怨之中，长此以往，只会让你更加害怕自己是一个无价值、无力量、无用的人。

现在，你可以尝试用"如何"来替换它们，使自己充满热情、勇于挑战。你可以问自己："我如何才能做到？""我如何才能让老板给我升职？"

相对于反复受挫而怨言不断，把"为什么"转变成为"如何"，能够给你带来超过你想象的更有建设性、更愉悦的心境。

（2）缺乏自信和行动力

抱怨别人其实是一种对自己的缺点和失败的否定，对应承担责任的逃避，这种人通常都缺乏自信和行动力。抱怨只会使他们失去自我完善和发展的机会，继续在错误的道路上徘徊不前。他们的抱怨往往来自于内心的害怕，害怕面对事情，害怕面对问题本身，害怕和别人进行有意义的交流等。

例如，事业失败了，他会带头抱怨，因为他害怕遭到别人的质疑或嘲笑。于是，他说，他不是没有努力，而是客观环境太恶劣，好像这个行业不可能成功一样。但事实并非如此，他失败的原因多半在于他自己本身，要么就是没有努力，要么就是没有找对方法。而那些听他抱怨的人会根据他所说的频频点头，这样的结果让他满意——"看，我就知道问题不在我，他们也都这么认为！"

当他面对一个难题时，他心里的恐惧占了上风，他害怕不能战胜难题，他同样害怕自信心被伤害。于是，他又开始抱怨，想避开痛苦，通过抱怨抑制自己内心的恐惧。今天上司给了他一个策划书，让他在明天早上开会前准备好。他很害怕准备不好而遭到上司的责备和同事的鄙视，最后，连他自己都不相信自己的能力。于是，在他开始行动之前，嘴里不禁又开始抱怨起来："老板真是不公平，让我在这么短的时间做这么难的事！""小李明明比我清闲，为什么偏偏不找她？真倒霉！"他内心的恐惧让他终日抱怨，于是他意志消沉，变得更加软弱。但他忽略了非常重要的一点：做事的成败取决于他做事的态度。

福特汽车公司的前总裁唐纳·彼得森，当他接掌福特公司帅印的时候，正赶上美国汽车业不景气和通用汽车一枝独秀的形势。他的做法不是跟自己说："天啊，真倒霉，赶上这么个光景！"而是不断寻求设计者的建议，推出了"金牛"和"黑貂"两种车型，并在当年盈利上首次超过了通用汽车公司。

（3）情感表达不当

有些人把抱怨当作表达情绪的一种方式，但结果常常适得其反。父母抱怨子女工作太忙太拼命，其实是想表达对子女的牵挂；妻子抱怨丈夫不顾家，其实并不是指望他真的能干多少家务活，只是希望他能多陪陪自己……可惜被抱怨的人并不总能听懂抱怨背后的情感，他们很容易将抱怨理解为批评指责，然后针锋相对，最后演变成一场"战争"。亲人之间情感的表达应当采取积极、正面的方式。

（4）习惯性抱怨

如果你被别人欺骗了，你可以自责、怨天尤人，甚至痛骂社会，但事情却不会因这些而改变。这一切只会影响你和你日后的生活。

现实中存在不少这样的人，他们把抱怨当成聊天的一个内容，而不会寻找其他的话题。即使没有特别的事情发生，人们抱怨的事情也是五花八门：天气、交通状况、商场里拥挤的人群、银行里的长队、变老的事实、待遇太少、疾病的困扰、子女的问题等。

大多数人觉得抱怨是很好的发泄工具，能在受到挫折或面临困难的时候放松自己的心情，却忽略了这种情绪对自己的严重影响。爱抱怨者，可能很难意识到：很多抱怨都是他们自己一手造成的！你的工作没做好，上司自然会找你麻烦；你不注意减肥，当然没有适合你的衣服；你不看天气预报，被雨淋了又能怪谁？所以，当你试图抱怨的时候，不妨先从自己身上找找原因。否则，一旦养成了抱怨的习惯，就会把自己的问题隐瞒起来。而无休止的抱怨式聊天也会让别人心烦，导致同事、朋友、家人对你不满和疏远。

4.你需要的是水，就不要去比较杯子

在生活中，我们有时候会莫名地生气，看什么都不顺眼，做什么事都提不起精神，为什么会这样呢？

也许是因为生活压力太大，也许是因为工作中遇到了困难，或者是家里人出现了什么意外……看起来，这些都是生气、烦恼的诱因，但究其根本，却是一个人的认知问题。

弘一法师说："有些人因为错误的认知而痛苦了十几、二十年，他们相信别人背叛或厌恶他们，即使对方可能只是出自一番好意。一个错误认知的受害者，不但使自己痛苦，也连累周围的人。"

大学同学到一个老师家聚会，本来是想叙叙旧，可到了一起，同学们却都在抱怨自己的生活如何不如意，有的说自己工作不如意，有的说自己感情生活不满意，还有的说自己的身体状况欠佳，总之，没有一个人是幸福的。

老师看在眼里，只是笑笑，什么也不说，然后拿出一大堆杯子说道："我不跟你们见外了，你们自己倒水吧。"

学生们纷纷拿起杯子，倒上水握在手中。

这时，老师说话了："现在，你们每人手里都拿了一只杯子，仔细看看，手里的杯子和桌上的杯子哪个漂亮些，哪个普通些？这个很明了，你们手中的杯子都比桌上的杯子要漂亮些。"

"谁不想自己手里的东西是最好的呢？"一个同学说。

"可是我们需要的是水，而不是杯子啊！这就是你们烦恼的根源。"

老师的一句话，把大家说得恍然大悟。

空杯心态
做自己的减压教练

你需要的是水，就不要去比较杯子。很多时候，我们常依着错误的认知在行事。比如，当看到美丽的太阳，你可能相信太阳就是现在这样子，但科学家告诉你，那是它8分钟前的样子，因为太阳与地球相距遥远，阳光需要花8分钟才能到达。又如，当看着天上的星星时，你相信它就在那里，但事实上，它可能在一千年、两千年或一万年前就已经消失了。

有一个人独自去旅行，第一站是游历名山。当她气喘嘘嘘地到达山顶的时候，她被眼前美丽的景色陶醉了。立于山巅，所有景色收于眼底，奇峰怪石，烟雾缭绕，美得令人心旷神怡。

都说无限风光在险峰，不爬到山顶，怎么能欣赏到如此美丽的景致呢？她唏嘘不已，拿着相机不停地拍，似乎想把这美丽的景致全拍下来，天色已晚犹不自知。

下山后，她才发现，原本热闹的景区已经没什么游人，而自己原本要搭乘的那班车也已经错过了。她在山下抱着相机长吁短叹、愁眉不展。从山下到自己临时租住的小旅馆，至少有5千米的距离，步行回去至少要一个小时，更何况从早晨到现在，她已经在山上耽搁了整整一天，体力早已耗尽，哪还有力气走回去呢？

她坐在路旁，开始生自己的气，恨不得抽自己一巴掌。

正想着，一个卖山珍的老人收好摊子，回头问她："姑娘，天都黑了，怎么还不回去，在等人啊？"

她气呼呼地说："没车了，怎么走？"

老人说："没车了，就走回去，生气有用吗？"

她说："走不动了，我在气自己糊涂。"

老人乐了："就这事也值得你生气啊？我问你，你上山干什么来了？"

她说："旅游，看风景，娱乐心情啊。"

老人说："这就对了。既然是旅游，怎么旅都是旅，坐车和走路有什么不同？既然旅行是为了快乐，为了愉悦心情，你何必和自己生气，和自己过不去呢？"

在老人的开导下，她醒悟了过来，于是迈开大步，向自己的住处走去。尽管山里的夜黑漆漆的，可那是她第一次在山里走夜路，不一样的经历让她有了不一样的感觉。回到旅馆，她发现时间比原来设想的还提前一刻钟。洗漱完，她躺在床上，看着窗外的弯月，内心有一种从没有过的安宁。

我们必须非常小心地看待自己的认知，否则就会因此而受苦。你可以试着在纸条上写："你确定吗？"然后贴在房间里，这将对你有很大的帮助。

生气、痛苦时，请深入地检视自己的认知，检视自己所相信的事。如果能去除错误的认知，祥和与幸福的感觉就会在心中浮现。

5.接受生命不公的事实

接受生命不公的事实有一个好处，就是让我们不要再为自己抱屈，鼓励我们竭尽所能去努力。让一切变得完美，并不是"生命的责任"，而是我们的挑战。接纳这个事实也让我们不要替他人难过，因为它提醒我们，每个人都有自己的遭遇，也都有自己的特殊力量与挑战。

我们常常会看到这样一些现象：没有能力的人身居高位，有能力的人怀才不遇；少做或者不做事的人，拿的工资要比做事的人还要高；同样一件事情，你做好了，老板不但不表扬，还要对你"鸡蛋里挑骨头"，而另外一个人把事情做砸了，却得到了老板的夸赞和鼓励……诸如此类的事情，我们看了就生气，会理直气壮地说："这简直太不公平了！"

世上本就没有百分之百的公平，你越想寻求绝对的公平，就越会发觉别人对你不公平。

美国心理学家亚当斯提出了一个"公平理论"，认为职工的工作动机不仅受自己所得的绝对报酬的影响，还受相对报酬的影响。人们会自觉或不自觉地把自己付出的劳动与所得报酬同他人相比较，如果觉得不合理，就会产生不公平感，导致心理失衡。

对于职场上种种不公平的现象，不管你喜不喜欢，都是必须要接受的现实，而且最好主动地去适应这种现实。追求公平是人类的一种理想，但正因为它是一种理想而不是现实，所以作为职场新人，你除了适应，别无选择。不管你在学校成绩多么优秀，多么才华横溢，当你离开学校进入职场之后，你与其他人并没有什么两样，只是一个普通的新人而已。

小黄和小李同一天进公司，被安排在同一个部门。

刚开始的时候，小黄和小李没有什么两样。一周上5天班，早上9点上班，下午6点下班，上下班打卡，迟到早退要扣工资，有事不来要向人力部门请假。

一个月后，小黄发现小李变了，最大的变化就是经常不来上班。刚开始，小黄以为小李是被什么事绊住了，但很偶然的一次，他在QQ上联系一笔业务的时候发现小李也在线。出于好奇，小黄问小李："你今天怎么不来上班呢？有事吗？不来上班要扣工资的。"小李只是说自己有事,并没多说什么。出于好意,小黄问小李要不要替他请假,小李直截了当地告诉他不用,他不来上班从来就没有请过假。

等到发工资的那一天,小黄留意了一下,发现财务给小李的工资和他的一模一样,也就是说,这一个月小李迟到早退不来上班没有扣一分钱。

小黄觉得纳闷了,他想,难道是公司的制度有所变化?于是,他也学小李,一周只来几天,其他的日子干别的事情。到了月底发工资的时候,小黄大吃一惊,自己的工资被扣掉了一半,理由是他有一半的天数没来上班。

小黄很生气,他觉得太不公平了,气呼呼地找财务理论。财务叫他去找老板,她只是按规定办事。

这时候,和小黄关系不错的一个老员工偷偷告诉他:"你别去找老板了,你还不知道吗?小李是他的外甥!"

小黄听了这话,吓出一身冷汗。幸好还没去找老板,否则后果不堪设想!从此以后,小黄再也不苛求所谓的公平了。

与小黄有同样遭遇的还有小夏。

小夏费了很大的周折才进了一家大型国有企业。有一天,小夏他们楼层的锅炉热水器坏了,喝开水要到楼上去打。这样,每天提热水壶上楼打开水自然成了小夏分内的事,因为小夏是刚来的,又是一个年轻人,所以大家都觉得这是理所当然的事。这天上午,小夏到外面办事去了,中午回到办公室渴得不行,想喝点儿水,结果他打开热水壶盖一看,里面空空如也。小夏很生气,大声说从明天起轮流打开水,不能让他一个人承包,但没人响应。

于是,第二天早晨上班后,他也不打开水了。结果,当天中午,他就被领导叫到办公室训斥了一顿,说他太懒惰,连这点儿小事也不愿意做。

空杯心态
做自己的减压教练

无论社会进步到什么程度，企业管理如何扁平化，企业内部永远是个金字塔结构。既然是个金字塔，就必然会有上下之分，就必然会有不平等的现象存在。企业作为最大利润谋求者，与追求"公平"相比，它更喜欢"效率"。在一个公司内部，如果没有适当的等级制度和淘汰制度，它就会因为自己的"仁义"而失去竞争力，就会在竞争中遭到淘汰。因此，在现实生活之中，永远不会出现你想象中的那种"公平"。

反而，不争辩，放弃无谓的辩解，有时却能带给你意想不到的结果。

"您好，"王某对老总说，"昨天我交给您的文件签了吗？"老总转了转眼睛想了想，然后翻箱倒柜地在办公室里折腾了一番，最后，他耸了耸肩，摊开两手无奈地说："对不起，我从未见过你的文件。"如果是刚从学校毕业，王某会义正严辞地说："我看着您的秘书将文件摆在桌子上，您可能将它丢进废纸篓里了！"可他早已不是初出茅庐的新人，他平静地说："那好吧，我回去找找那份文件。"说完，王某便下楼回到了自己办公室，把电脑中的文件重新调出再次打印，当王某再把文件放到老总面前时，他连看都没看就签了字，其实，他清楚文件原稿的去向。

有时，谁是谁非并不重要，即便是你对了而上司错了，你也要学会开动脑筋为上司寻找一个下来的台阶。无论如何，解决冲突的前提是合作。如果你动不动就对公司的制度提出质疑，或者动不动就和老板理论，到头来往往是搬起石头砸自己的脚。

我们要摆正心态，不必事事苛求百分百的公平，对生活中的小事看开一点儿，对已经过去的事情不要耿耿于怀，把精力和时间放在创造新的价值上。这样，就单个事情来说不一定公平，但从整体上来说还是公平的。另外，我们还可以设法通过自己的奋发努力来求得公平。如果你觉得不公平就放弃努力，那你就错了。

当然，我们也可以改变衡量公平的标准。公平是相对而言的，衡量公平的标准也不是一成不变的，当你换个角度来看问题，你会发觉自己得到的比失去的要多。不公平是一种进行比较后的主观感觉，因而，只要我们改变一下比较的标准，就能够在心理上消除不公平感。

生命不公平，并不表示我们不应该尽我们的力量，去改善自己的生活或整个世界。相反，它建议我们应该尽力而为。当我们不了解或不承认生命不公平时，我们就很容易觉得自己和别人很可怜。可怜是一种自挫的情绪，对任何人都没有好处，只会让人感到更糟糕。不过，当我们明白生命不公的事实时，我们就能够同情别人和自己。同情是一种真心诚意的感情，向它所接触到的每个人传达亲切的关怀。下一次，当你发现自己又在思索世界的不公时，请试着提醒自己这是个非常基本的事实。也许你会感到诧异，它居然可以将自怜推向有益的行动。

6.让不悦之情就此打住

如果仅仅感到不悦，一般不是什么问题，但前提是这种感觉能就此打住，不往下发展。

在你的思绪有机会形成任何动力之前，先注意一下你的脑子里发生了什么事。你越早逮到内心正在滚动的"雪球"，就越容易阻止它。

一天，农夫划着小船给另一个村子的村民运送自家生产的农产品。天气酷热难耐，农夫热得汗流浃背，苦不堪言。他心急火燎地划着小船，希望赶紧完成运送任务，以便在天黑之前返回家中。突然，农夫发现前面有一只小船沿河而下，迎面向自己快速驶来。眼看两只船就要撞上了，但那只船没有丝毫避让的意思，似乎是有意要撞翻农夫的小船。

"让开，快点让开！你这个白痴！"农夫大声地向对面的船吼道，"再不让开你就要撞上我了！"

但农夫的吼叫完全没用，尽管农夫手忙脚乱地企图让开水道，但为时已晚，那只船还是重重地撞上了他的船。农夫被激怒了，他厉声斥责道："你会不会驾船？这么宽的河面，你竟然撞到了我的船上！"

当农夫怒目审视那只小船时，他吃惊地发现，小船上空无一人，听他大呼小叫、厉声斥骂的只是一只挣脱了绳索、顺河漂流的空船。

怎样才能让不悦之情就此打住，不往下发展呢？下次有人惹你不高兴时，你可以尝试像下面这样去做：

(1) 不要把事情想得过分严重

要用正确的眼光去看待问题。如果在开车时有一辆车突然插到了你的前面，要记住，这只是让你不快的小事，而不是世界末日。

(2) 不要把问题个人化

那个开车时插到你前面的司机并不认识你——他很可能并没有意识到给你带来的不快。也许某件事让他不顺心，因此想发泄出来，但这绝对不是针对你本人。

(3) 不要指责别人

一旦开始指责另外一个人，就很容易使你的不快升级。所以，让事情就这么过去吧，别再去追究。

（4）不要老想着报复

把某事归罪于某人后,下一步往往就是报复。与其这样,不如把精力用在比报复更有用的事情上面。

（5）不断探寻让自己面对某种情况而不生气的方法

开车的时候其他司机让你不悦,但你该怎样做才能不让这种不悦升级为愤怒呢?也许你可以播放自己喜欢的音乐,或者收听自己喜欢的电台节目,特别是一些轻松愉快的节目,也许一些其他的方法对你更有效。总之,你要不断地总结和摸索。

（6）不要把自己看成一个无助的受害者

采取一些措施使自己适应令你不快的情况,或者想办法改变这种情况。不管你做什么,只要你在做,就比光在那里生气要好。

（7）不要让负面情绪放大你的愤怒

愤怒会加剧你的郁闷,告诉自己:我不会因这种令人不快的情况使我的坏心情雪上加霜。问自己:如果我的心情不这样糟糕,遇到这种情况,我会怎样做,然后就那样去做。

（8）不要烦恼明天的事

当你发现你在为还没发生的事苦恼时,应该立即告诉自己:"瞧,我的老毛病又犯了。"然后及时打住,防患于未然。在你的思绪列车有机会开出之前,就阻止它。

如果这件事发生在三更半夜,可以把它写在一张纸上,然后再回去睡觉。你可以考虑在床头放一支笔和一张纸,以备不时之需。

不妨运用正面联想来控制自己的情绪。每当情绪激昂到达巅峰时,我们都会同时注意四周所有相关的事物,这种过程称之为"联想"。例如,每当你听见某首特定的歌时,便会想起过去与自己相关的友人,这是因为情绪到达巅峰时,这首歌正好也同时在背景中出现。你的心理和身体是相互联系的,因此,每当听见这首歌,便会立刻忆起当时的心中的情感。

7.怨言越多，越容易退步

不管走到哪里，你都能发现许多才华横溢的失业者。当你和他们交流时，你会发现，这些人对原有工作充满了抱怨、不满，要么就怪环境不够好，要么就怪老板有眼无珠，不识才，总之，牢骚一大堆，积怨满天飞。殊不知，这就是问题的关键所在——抱怨的恶习使他们丢失了责任感和使命感，只对寻找不利因素兴趣十足，从而使自己发展的道路越走越窄，不断退步。

事实上，你很难找到一个成功人士会经常大发牢骚、抱怨不停，因为成功人士都明白一个道理：抱怨如同诅咒，怨言越多，越容易退步。

张岩大学毕业后，凭着自己在学校的优异成绩，进入了一家合资企业工作，计划在5年内力争升为公司部门经理。

雄心勃勃的张岩进入公司后准备大干一场。企业的文化提倡民主，提倡基层员工与管理层平等对话和沟通，他对此非常认同，就常常根据自己的看法向部门主管提一些意见。而部门主管也的确是一副虚心好学的态度，非常耐心地倾听，可是过后，张岩却很少得到及时反馈，他就认为部门主管听不进别人的意见，顽固不化。

于是，张岩就不再提意见，而是开始发牢骚。时间一长，他的工作满意度开始下降，工作也经常出错，遭到了上司的多次批评。不久，公司解雇了他。

张岩自我安慰地说，换个工作环境也好。不久，他进入了一家外资公司。可没过多久，他发现这家公司的管理跟以前那家不能比，日常运作存在很多问题。一时间，爱抱怨的毛病又上来了，为此，他还跟顶头上司发生了几次争执。这次，他不等被解聘，就主动提交了辞呈。

就这样，5年的时间里，张岩换了数十个工作，每次都是发现新公司的一大堆毛病，抱怨越来越多，当初的职场晋升计划成了一场竹篮打水。

是什么扼杀了张岩的晋升梦想？是抱怨。哪个公司不存在问题呢？哪个上司身上没有毛病呢？爱抱怨的员工随时随地都能找到抱怨的理由，可是你从中得到了什么呢？你什么都没有得到，还白白赔上了职业发展的宝贵机会。

你是否能够让自己在公司中不断进步，这完全取决于你自己。如果你永远对工作现状不满，以抱怨的态度去做事，那你在公司的地位永远都不可能变得更加重要，因为你根本就不能做出重要的成绩。当你觉得自己缺少机会或者是职业道路不顺畅时，不要抱怨环境，而应该问问自己：你是否认同自己的企业与工作？你是否为企业与自己的工作承担了责任？你是否做出了最大程度的努力……

如果你的回答是否定的，那就停止你的抱怨吧，那只是一些没有意义的语言。

以下是停止抱怨的两个有效步骤：

第一，当意识到你在抱怨时，应该马上停止自己的抱怨。

第二，想想自己为什么要抱怨。你可以改变让你产生不满的现状吗？如果可以，那就立即着手改变；如果无能为力，那为它生气也是白费力气，学会以平常心对待。

减压练习

咀嚼减压

在我们兴致勃勃地观看体育比赛的时候，细心的观众会发现，许多运动员在比赛前或者比赛中会有咀嚼口香糖的习惯。这不仅仅因为是习惯或者嗜好，现代科学研究已经证实：咀嚼口香糖能够帮助舒缓压力。

北京大学、北京体育大学运动员竞技焦虑联合研究组公布的一项大学生运动员的压力情况调研显示，七成运动员在咀嚼口香糖时体验到了压力的舒缓或平静、放松的感受。针对这一结果，心理学专家陶思璇解析说，不止运动员可以通过咀嚼口香糖来舒缓压力，实际上，常人和运动员一样，都需要正视自己的压力和紧张情绪。要学会调适心情，生活才能轻松而游刃有余。对于如今面对高房价等多重压力的都市白领群体来说，其实面临的多是"生活中的小压力"，而咀嚼是很有效的辅助减压方法，在感觉压力无法释放时，不妨嚼嚼口香糖，舒缓一下情绪。

2010年年初，由北京师范大学心理学系博士生导师刘翔平教授主持的最新心理学研究表明，"咀嚼"能够缓解低、中特质考试焦虑。

该研究以高中三年级理科生288人为对象，分两组进行测试。在数学考试前，一组学生需咀嚼口香糖10分钟，而另一组无须咀嚼口香糖。

测试结果显示，总体上，咀嚼口香糖的考生比没有咀嚼口香糖的考生焦虑感低20%。特别是对于低焦虑状态的学生群体，咀嚼组比未咀嚼组的焦虑感低36%；而对于中焦虑状态的考生，咀嚼口香糖比不咀嚼口香糖的焦虑感低16%。

国外专家也早已在探索"咀嚼"与"减压"的相关课题。英国诺森比亚大学 Andrew Scholey 在 2009 年发表的最新研究显示，通过使用实验程序，在同时完成多个认知任务而诱发轻、中度两种水平的急性心理压力的情况下，与不咀嚼口香糖时相比，被试者咀嚼口香糖时的自评警觉度均显著提高，状态焦虑、压力感的自我评分以唾液中反映机体压力状况的指标皮质醇的水平则显著降低。同时，咀嚼口香糖时，被试者完成认知任务的整体表现显著提高。

另外，研究还发现咀嚼能提高大脑海马部位的信号活跃性，而海马区与情绪调节密切相关，它可以通过调控血液中与压力相关的激素水平，从而使情绪得到放松。所以，许多人无意间咀嚼口香糖时，再也不是简单的达到口气清新的作用，这一动作在不知不觉中舒缓了紧张情绪。

此外，在东京"第十届国际行为医学学术大会"上发布的最新心理学研究表明，咀嚼口香糖能减轻焦虑情绪达 16.5%，提高警觉度达 18.7%，并减轻压力感达 13.3%，特别是同时进行多项工作任务时，咀嚼口香糖能帮助人们提高工作整体表现高达 109%，效果十分显著。在美国，就有不少学校在考试前向学生派发口香糖，帮助考生舒缓紧张情绪，集中注意力。

"嚼吧"是在白领与大学生群体中引领与推广"咀嚼减压"的重要阵地。它的设置非常灵活，大学校园、办公楼、街头甚至酒吧都有"嚼吧"的踪影，通过全方位的休闲减压服务满足不同人群的减压需求。"嚼吧"不仅在游戏设置上体现潮流，更以不同的主题与模式深入到高压人群中。"嚼吧"也逐渐倾向于全民性的互动，通过丰富多彩的线上活动影响，更多的人放下日常生活中的小压力，随时随地"嚼掉压力"，以最佳的状态迎接挑战。

倒空自满之杯：
永远保持初学者的好奇

也许所有的孩子都有好奇心，但这种对事物的好奇是否能保持到成年甚至老年，很难说。

——美国学者　希克森特·米哈伊

1.把自己看"轻"一点

我们每个人都需要有一技之长，在一些方面的特殊使我们形成了独特的风格和个性，人生也变得更加精彩，这是值得我们引以为荣的。但是请记住，"山外有山，人外有人"，别把自己太当回事。

新加坡淡马锡控股公司的首席执行官何晶为人很低调，她从不接受采访，即使在公开场合讲话，也很少回答人们的提问。在与何晶共事过的人们眼中，她是一个精明强干、思想敏锐的人，也是一个不愿被媒体曝光的商业女强人，但鲜为人知的是，何晶还是新加坡总理李显龙的夫人。

这个新加坡的第一夫人喜欢朴素的装扮，总是留着一头短发。

当记者问她为什么这么低调时，何晶讲了一个寓言故事：两只大雁与一只青蛙同在一个池塘里，池塘的水越来越少，于是大雁决定要飞回南方。大雁对青蛙说："要是你也能飞上天多好呀，我们还可以经常在一起。"青蛙灵机一动：它让两个大雁衔住一根树枝，然后它自己用嘴衔在树枝中间，一起飞上了天。地上的青蛙们都美慕地拍手叫绝。这时，有人问："是谁这么聪明？"那只青蛙生怕错过了表现自己的机会，于是大声说："这是我想出来的……"刚一张口，话还没说完，它便从空中掉了下来。

迈兹纳曾有一句名言："不要把自己看得太重要，没有你，事情一样可以做好。不要把自己太当回事，坦诚而平淡地生活，没有人把你看成卑微、怯懦和无能的人。"如果你老是把自己当作珍珠而四处炫耀，那你将时时有被淹没的危险。

很多时候，我们远不像自己想象的那般重要，那样受人关注。把自己看轻一点，把自己放得轻松点，不仅可以解决很多问题，还能使自己避免陷入无尽的烦恼与痛苦之中。

即使你真的非常优秀，非常了不起，也请不要自我膨胀。无论你从事什么行业，过着怎样的生活，都不过是一个人。许多事情都是一时的、短暂的，如果你太把自己当回事，可能有一天你会变得什么也不是。自我膨胀就像是在吹气球，谁都希望气球变大，但是吹入的气体过多就会爆裂。

所以，做人还是要谨慎、低调一些，否则，就会像不断充气的气球那样，最终毁掉自己。

如果能对人生有清醒的认识，对自己有足够的了解，客观而公正地对待自己，你便能从容地面对激烈的竞争，在生活的每一天都收获欣慰的笑容和真正的快乐。

2.怀才不遇者并不一定真的怀才

世上总有这么一种人，他们时常感觉自己空有一身抱负，无处施展；空有一身本事，无处发挥；空有无数奇思妙想，无人理解。而事实上，自认为怀才不遇者并不一定真的怀才。一个人只要有真才实学，并且有能力来展现他的真才实学，就不怕没有伯乐。

土里总是埋不住金子，我们不能只是一味地陶醉于自己曾经的"辉煌经历"，还要看自己掌握的知识是否是社会需要的"才能"。正确的做法是调整自己的心态，重新审视自己，采取行动弥补自己的不足，主动推销自己。

"怀才不遇"可能是自古以来读书人最常出现的一种心境，这可以从无数的寄情诗文中得到佐证。在封建专制时代，一个人需要遇上明君，才有可能出人头地。但在机会平等的现代社会，"怀才"是否还会"不遇"呢？一个真正有才能的人，除非是他自己选择不遇，否则，一定可以找到他发挥理想的空间。我们只要冷静地分析一下历史上诸多怀才不遇的"现象"，就会发现，其前提大多是一个假设的而非真实的条件，即"如果让他……那么就会……"。因此，这些结论大多是不能或者是无法验证的。

第十章
倒空自满之杯：永远保持初学者的好奇

历史发展到现在，还是有许多人认为自己"怀才不遇"，是真的怀才之人没有得到社会的认可，还是那些自命"怀才"者在发牢骚呢？

我们不能一概否认这些人在某些方面所具有的某种才能，但至少能看出，一个喜欢哀叹和抱怨的人缺乏雄才大略者应有的恢宏气度，也没有志士仁人所具有的道德修养。所以说，一个人如果一直慨叹怀才不遇，那一定是他的能力、性格或定位出了什么问题。

因此，他应该先在观念上做出调整，必须承认自己未必如此有才，并设法改善调整自己，才有可能让自己成为真正的有才之人。

当然，钟鼎山林，人各有志，的确有不少人很有才华和能力却没受到重视，这应该是他没有足够的企图心去追求别人的重视。他可能不愿意委身一时，也可能是不愿意改变现有的生活，但这是怀才不"欲"的选择，而不是怀才不"遇"的宿命。

通常情况下，一般人出于虚荣心，均易自觉或不自觉地高估自己的才能，并非只有赵括与马谡如此。如果达不到原定的目标，或者临时性地遭受挫折，便会产生牢骚与怨愤，在很不理智的心态下极易习惯性地将责任推向客观，认为别人不理解自己，社会不重视自己。实际上，诸多自以为"怀才不遇"的人的一个通病，恰恰是忽略了对自己的解剖与批评。

如果能从主观入手，从自身找问题，认识自己的不足，充实并提高自己，调整原来的目标与心态，大多数的"不遇"问题均可解决。即使目前存在无法克服的困难，也应逐步创造条件，为自己的出路多做准备工作。只有这样，在条件成熟需要自己的时候方可厚积薄发，举重若轻而游刃有余。

客观地来说，那种甘于在牢骚中消沉且自灭的愚蠢者实在不配归入"怀才者"之列，千里马是自己跑出来的。现在我们所处的时代不同于以往，对某些人来说，这也许是一个怀才不遇的年代，但对于另

空杯心态
做自己的减压教练

外一些人来说，却是一个良木择枝的年代，是一个可以通过自己的努力而证明自己的年代。

片山恭一是现代日本的当红作家，在讲述他从"冷"到"热"的艰难路程时，他这样说道："为了作品能在杂志上发表，我拼命地、不断地投稿，光给《文学界》就至少投过10篇稿子，但没有一篇发表，稿件如同石沉大海，没有一点回音，甚至连一句'来稿收到'这样的答复都没有……但我却从来没有发出过'这个世界多么冷酷无情啊'之类的感叹，而是为了能够发表去竭尽己能、拼命努力。"片山恭一不故作"千里马"等待"伯乐"的发现，而是靠自己的努力，终于从一匹"平凡的马"跑进了"千里马"的行列，从出版第一个单行本到获得"新人奖"中间整整相隔了9年时间，这9年间，他一直在自我扬鞭，踊跃奋蹄。

时下有很多人抱怨找不到好工作，觉得是社会体制的问题，觉得是缺乏伯乐的原因，但是他们从来没有想过，自己到底算不算千里马呢？你不是千里马，有伯乐在也不会看上你；就算你真的是千里马，酒香还不怕巷子深呢，你不自己出去溜几圈，施展自己的能力，就算有伯乐也不一定马上就能发现你。

无数事例证明，"人才"不能只依赖社会坐等机会的到来，而要在了解、适应社会的基础上主动寻找或搭建舞台来展示自身的存在，体现自身的价值，逐步由低到高、由小到大，分阶段地成就自己的事业。每一个"怀才"者都不能幻想一开始就可尽显风流、叱咤风云。

要知道，圣哲贤明如周文王、孔孟，才华横溢者如屈原、贾谊，严谨博学者如韩非、司马迁等，均有自己的无奈而屡遭挫折与磨难，更何况我们这些普通人。今天的人们只有脚踏实地用自己的才能回报社会、造福社会，方不致令自己所怀之才沦入"不遇"之境。

186

3.骄傲是阻碍进步的大敌

人们总是不会缺乏骄傲的理由,一件新衣服,一款新发型,都能引起他们的骄傲之情。

传说南宋时江西有一名士傲慢至极,凡人不理。一次,他提出要会一会大诗人杨万里。杨万里谦和地表示欢迎,并提出希望带一点江西的名产配盐幽菽来。名士见到杨万里后开口就说:"请先生原谅,我读书人实在不知配盐幽菽是什么乡间之物,无法带来。"杨万里不慌不忙地从书架上拿下一本《韵略》,翻到当中一页递给名士,只见书上写着:"豉,配盐幽菽也。"

原来,杨万里让他带的就是家庭日常食用的豆豉啊!此时,名士面红耳赤,方恨自己读书太少,后悔自己为人不该太傲慢。

我们常常批评别人太过骄傲,但是却看不到自己同样的品性,如果你自己没有骄傲之心,就不会觉得别人的骄傲是种冒犯。

曾经有一个学者,学富五车,精通各种知识,自认为无人可以和自己相比,很是骄傲。他听说有个禅师才学渊博,非常厉害,很多人在他面前都称赞那个禅师,学者很不服气,打算找禅师一比高下。学者来到禅师所在的寺院,要求面见禅师,并对禅师说:"我是来求教的。"

禅师打量了学者片刻,将他请进自己的禅堂,然后亲自为学者倒茶。学者眼看着茶杯已经满了,但禅师还在不停地倒水,水满出来,流得到处都是。"禅师，茶杯已经满了。""是啊，是满了。"禅师放下茶壶说，"就是因为它满了，所以才什么都倒不进去。你的心也是这样，它已经被骄傲、自满占满了，你向我求教怎么能听得进去呢？"

19世纪的法国名画家贝罗尼到瑞士去度假，但他并不是单纯的四处游玩，而是每天背着画架到瑞士各地去写生。

有一天，贝罗尼在日内瓦湖边用心画画，过了一会儿，来了3位英国女游客，她们站在旁边看他画画，还在一旁指手画脚地批评，一个说这儿不好，一个说那儿不对，贝罗尼没有反驳，都一一修改过来，末了还跟她们说了声"谢谢"。

第二天，贝罗尼有事到另一个地方去，在车站又遇到了昨天那3个人，她们此时正交头接耳不知在讨论些什么。那3位女游客看到他，便朝他走过来，向他打听："先生，我们听说大画家贝罗尼正在这儿度假，所以特地来拜访他。请问，你知不知道他现在在什么地方？"贝罗尼朝她们微微弯腰致意，回答说："不好意思，我就是贝罗尼。"她们大吃一惊，随即想起昨天不礼貌的行为，都不好意思地跑掉了。

骄傲有很多害处，但最危险的结果就是让人变得盲目无知，让我们看不到眼前一直向前延伸的道路，让我们觉得自己已经到达了山峰的顶点，再也没有爬升的余地，而实际上，我们可能正在山脚徘徊。

4.好奇心需要被保护

相信很多人都有过这样的经历：在面对未知事物时，心中略微会有一种不安、自卑，如果此时有人自愿、主动帮助你学习、理解这一未知事物，你就会保持高度集中的注意力以及极快接纳知识的速度。这种对未知事物的注意力以及极快的接纳速度源于对知识的好奇。

心理学认为：好奇心是个体遇到新奇事物或处在新的外界条件下所产生的注意、操作、提问的心理倾向。它容易被外界刺激物的新异性唤醒。好奇心反映了个体的认知需求，不同的个体面对同样的认知信息，会产生不同水平的好奇心，它的强度与个体对相关信息的了解程度有关。

所以，我们需要对知识充满好奇，永远保持初学者的心态，即使你已被公认为大师、教授，面对知识的更新、出现，仍需要保有好奇心。

爱因斯坦说他之所以能取得成功，原因在于他具有狂热的好奇心。美国学者希克森特·米哈伊在谈到好奇心的重要性时说："好奇心需要被保护，也许所有的孩子都有好奇心，但这种对事物的好奇是否能保持到成年甚至老年，很难说。"

在剑桥大学，维特根斯坦是大哲学家穆尔的学生。有一天，罗素问穆尔："谁是你最好的学生？"穆尔毫不犹豫地说："维特根斯坦。"

"为什么？"

"因为，在我的所有学生中，只有他一个人在听我的课时，老是露着迷茫的神色，老是有一大堆问题。"

罗素也是个大哲学家，后来维特根斯坦的名气超过了他。

有人问："罗素为什么落伍了？"

维特根斯坦说："因为他没有问题了。"

德国著名化学家李比希把氯气通入海水中提取碘之后，发现剩余的母液中沉积着一层红棕色的液体。他虽然感到奇怪，但并未放在心上，武断地认为这不过是碘的化合物，只在瓶上贴张标签了事。直到之后一位法国科学家证实是新元素溴，李比希才恍然大悟。他因此称这个瓶子为"失误瓶"，以告诫自己。

达尔文从小就爱幻想，他热爱大自然，尤其喜欢打猎、采集矿物和动植物标本。他的父母十分重视和爱护儿子的好奇心和想象力，总是千方百计地支持孩子的兴趣和爱好，鼓励他去努力探索，这为达尔文写出《物种起源》这一巨著打下了坚实的基础。

有一次，小达尔文和妈妈到花园里给小树培土。妈妈说："泥土是个宝，小树有了泥土才能成长。别小看这泥土，是它长出了青草，喂肥了牛羊，我们才有奶喝，才有肉吃；是它长出了小麦和棉花，我们才有饭吃，才有衣穿。泥土太宝贵了。"

听到这些话，小达尔文疑惑地问："妈妈，那泥土能不能长出小狗来？"

"不能呀！"妈妈笑着说，"小狗是狗妈妈生的，不是泥土里长出来的。"

达尔文又问："我是妈妈生的，妈妈是姥姥生的，对吗？"

"对呀！所有的人都是他妈妈生的。"妈妈和蔼地回答他。

"那最早的妈妈又是谁生的？"达尔文接着问。

"是上帝！"妈妈说。

"那上帝是谁生的呢？"小达尔文打破砂锅问到底。

妈妈答不上来了，她对达尔文说："孩子，世界上有好多事情对我们来说是个谜，你像小树一样快快长大吧，这些谜等待你们去解呢！"

达尔文七八岁时，在同学中的人缘很不好，因为同学们认为他经常"说谎"。比如，他捡到了一块奇形怪状的石头，就会煞有介事地对同学们说："这是一枚宝石，可能价值连城。"同学们哄堂大笑，可是他却并不在意，继续对身边的东西发表类似的另类看法。还有一次，他向同学们保证说，他能够用一种"秘密液体"制成各式各样颜色的西洋樱草和报春花，但他从来就没有做过这样的试验。久而久之，老师也觉得他很爱"说谎"，把他的问题反映到了达尔文的父亲那里。父亲听了，却不认为达尔文是在撒谎，而是在想象。

有一次，达尔文在泥地里捡到了一枚硬币，他神秘兮兮地拿给他的姐姐看，并一本正经地说："这是一枚古罗马硬币。"姐姐接过来一看，发现这分明是一枚十分普通的18世纪的旧币，只是由于受潮生锈，显得有些古旧罢了。对达尔文"说谎"的行为，姐姐很是恼火，便把这件事告诉了父亲，希望父亲好好教训他一下，让他改掉令人讨厌的坏习惯。可是父亲听了以后，并没有在意，他把儿女叫过来说："这怎么能算是撒谎呢？这正说明了他有丰富的想象力。说不定有一天他会把这种想象力用到事业上去呢！"

达尔文的父亲把花园里的一间小棚子交给达尔文和他的哥哥，让他们自由地做化学试验，以便使孩子们的智力得到更好的发展。达尔文10岁时，父亲让他跟着老师和同学到威尔士海岸去度过3周的假期。达尔文在那里大开眼界，观察和采集了大量海生动物的标本，由此激发了他采集动植物标本的爱好和兴趣。

没有好奇心，没有想象力，就没有今天的"进化论"。而达尔文的父母最成功之处就在于特别注意爱护儿子的想象力和好奇心。

小时候，我们认为周围的一切很神秘，总会有些出乎意料的事物等待我们去观察、探索、询问、操作或摆弄。然而，随着时间的流逝，很多人不再对周围事物怀有探索、询问的心理倾向了。

人只有对事物永远充满好奇，才能使我们始终保持一种初学者的心态，如饥似渴地吸取知识中的营养成分，进而取得进步。

5.只要有心，人生处处皆是学问

生活当中有许多值得我们留心的东西，一幢有特色的建筑、一个装饰漂亮的门面、一间布置典雅的咖啡厅、一本书的封面设计，这当中都有许多值得我们学习的东西，只要我们留心观察和思考，一定会有所收获。

只要有心，人生处处皆是学问。书本并不是学到知识的唯一途径，有些学问，书本上根本就没有，我们若是死死地抓着书本，与现实脱轨，那就真的要变成一个书呆子了。

老子说："人法地，地法天，天法道，道法自然。"其实，天地之间的一切都是有迹可循的，这一切的规律都是学问。

海边捕鱼的人，都知道什么时侯潮起，什么时侯潮落。有人观察格外细心，发现潮起潮落和月亮的圆缺竟然有意想不到的"巧合"。经过不断探索，人们发现了一个秘密，原来"潮汐"与天上的月亮有关。

英国物理学家牛顿看到苹果落地这一普通的现象，却产生了极大的兴趣，他努力钻研探索，最后解开了这个谜，发现了万有引力。

英国大发明家瓦特看到水烧开后顶起了壶盖，暗自称奇，一番研究之后，他改良了蒸汽机。

可见，只要我们能处处留心身边的知识，并能够把握住它，就能将它化为己用。

相传，有一年，鲁班接受了建筑一座巨大宫殿的任务。这座宫殿需要很多木料，由于当时还没有锯，大家只能用斧头砍伐，但这样做的效率非常低，远远不能满足工程的需要。为此，鲁班决定亲自上山察看砍伐树木的情况。

上山的途中，他无意中抓了一把野草，手却被划破了。鲁班很奇怪，一棵小草为什么会这样锋利？于是，他摘下了一片叶子细心观察，发现叶子两边长着许多小细齿，用手轻轻一摸，这些小细齿非常锋利。他明白了，他的手就是被这些小细齿划破的。后来，鲁班又看到一条大螳虫在啃吃叶子，两颗大板牙非常锋利，一开一合间就吃下一大片。他发现螳虫的牙齿上同样排列着许多小细齿，螳虫正是靠这些小细齿来咬断草叶的。

这两件事给鲁班留下了极其深刻的印象，也使他受到了很大的启发。他想，如果把砍伐木头的工具做成细齿状，不是同样会很锋利吗？于是，他立即下山，让铁匠们帮助制作带有小细齿的铁片，然后到山上继续实践。鲁班和徒弟各执一端，在一棵树上拉了起来，只见他俩一来一往，不一会儿就把树锯断了，又快又省力，锯子就这样发明出来了。

人生处处皆学问，许多事就像一层窗户纸，在没有捅破之前，你会愁眉不展、两眼茫然；当有人告诉你答案时，你会若有所悟："原来如此。"人生需要感悟，有感悟的人生才能变得睿智，才能变得快乐而幸福，才能变得完美而无憾。

人的一生中有很多次改变自己命运的机会，是往好的方面改变，还是往坏的方面改变，完全取决于一个人对当时情形的认识。也就是说，有什么样的看法，就会有什么样的命运；有什么样的目标，就会实现什么样的结果。

一个人具备多少天赋和悟性，不在于他（她）年老或年少，而在于他（她）对事物提出的见解。悟性越好的人，创造力就越强。我们每个人都有悟性、灵感和才华，重要的是，我们应该去发现它、珍惜它，它能使我们的人生绽放光华。

6.找个时间学做孩子

几乎一切伟人都用敬佩的眼光看孩子。孟子说："大人者，不失其赤子之心者也。"帕斯卡尔说："智慧把我们带回到童年。"在伟人眼中，孩子的心智尚未被岁月扭曲，保存着最宝贵的品质，值得大人们学习。

很多人抱怨生活实在太累，太不容易，既要揣摩别人的心思，又不能被别人猜出你的想法，即使不喜欢这种虚假的生活，但还是要无奈地坚持。在这纷繁复杂的世界，我们需要停下来，留下片刻的时间学着做个孩子，像孩子一样思考，过滤事物外部的纷杂；像孩子一样看问题，看到事物单纯的本质。你会发现，世界总如阳光般明澈，原来棘手的问题是如此简单。

有一个匈牙利木材商的儿子，很多人都觉得他笨。有一天，他做了一个梦，梦见自己写的作品被诺贝尔看中了。他怕被人嘲笑，只将这个梦告诉了妈妈，妈妈高兴地告诉他上帝选中了他。他对此信以为真。从此，他真的喜欢上了写作。后来，他因为是犹太人而被送进了集中营，每天那儿都有人精神崩溃，而他靠着信念活了下来。

离开集中营时，他心中只有一个想法："我又可以从事我梦想的职业了！"1965年，他写出了第一部作品；2002年，瑞典皇家文学院宣布将诺贝尔文学奖授予他——凯尔泰斯·伊姆雷。

"我只知道，当你喜欢做这件事，并且多少困难都打不倒你时，上帝就会抽出身帮助你。"他说。

像孩子一样执着地追求使他成功了。

很多时候，我们需要有孩子那种单纯的执着。当孩子看到一颗10克拉钻石和一个玻璃球时，他不会挑钻石，因为他认为玻璃球更好玩，仅此而已。

爱默生说："任何事物都不及伟大那样简单，事实上，能够简单便是伟大。"孩童简单的思考是原始的思考，那超乎天地境界的思考也必定是简单的。

有一次，前联合国秘书长安南在庄园里举行为非洲贫困儿童募捐的慈善晚宴，应邀参加的都是富商和社会名流。

"欢迎你们，除了工作人员，没有请柬的人不能进去。再说，这种场合也不适合你们进去，应邀参加的都是很重要的人士。"小露西被庄园入口处的保安拦住了。"叔叔，慈善不是钱，是心，对吗？"人们都为这个真正充满爱心的小女孩报以热烈的掌声。

空杯心态
做自己的减压教练

与大人相比，孩子的知识相对缺乏，但是他们富于好奇心和想象力，这些正是最宝贵的智力品质，因此，他们能够不受习惯的支配，用全新的眼光看世界；与大人相比，孩子缺乏阅历，但是他们诚实、坦荡、率性，这些正是最宝贵的心灵品质，因此，他们能够不受功利的支配，做事只凭真兴趣。

曾几何时，曾经感动过你的一切不能再感动你，吸引过你的一切不能再吸引你，甚至激怒过你的一切也无法再激怒你。你觉得生命平淡，心里苦恼，再也不能像孩子一样发现生活的美了。

一个母亲和她的孩子在大街上走着。突然，这个男孩对他的妈妈说："我听见一只蟋蟀在叫！你听到了吗？"

妈妈仔细地听了听后回答道："没有！你一定是听错了！"

"不，我真的听到一只蟋蟀在叫。真的！我肯定！"

"现在到处是熙熙攘攘的人群，吵闹声、汽车喇叭声……你怎么可能在这里听到一只蟋蟀的叫声！"

"我肯定我听到了。"男孩一边回答，一边屏气凝神地搜寻着声音的来源。他们走过一个街的拐角，再穿过一条街道，然后四处寻找。最后，那个小男孩真的在一个小角落里发现了一只蟋蟀。

一个有童心的人，即使是在喧闹的大街上，也能听到自己想要的声音。有时，留住童心就等于留住了一个好的心态。

当你的耳朵听惯了金钱的撞击声，听惯了上级的命令声，听惯了下级的恭维声，它对生活本身所隐藏着的那些美妙声音的感受力就会变得无比迟钝；当你的眼睛戴上了有色眼镜，看到的就是满眼的灰色，生活中那美丽的彩虹怎么都无法进入你的视线。

其实，生活不是没有激情，青春不是已经流逝，而是你的心老了，不再有发现美的能力。如果一个人没有一点童心，他的生活一定充满了抱怨，充满了苛求。

7.为爱好留一片天地

匆忙中，很多人渐渐丢掉了曾经固守的最为宝贵的爱好。曾有人如此感叹："刚毕业的时候还在周末参加摄影采风，或者听个音乐讲座，为了自己的爱好。但现在一问起，答案惊人地一致：'现在哪有时间啊？'"这样的现象让人心疼却无奈。

孟小五毕业于沈阳建筑大学，从大一开始，他就对摄影十分感兴趣，常在闲暇时用自己那部胶片式照相机去拍些商业楼盘。大二的时候，孟小五的父亲给他买了一部数码相机，他走到哪就拍到哪。

大学毕业后，孟小五没有立刻找工作，而是参加了很多摄影论坛，论坛里有什么活动，他都会踊跃参加。因为所学专业的原因，他毕业后的第一份工作选择了给建筑行业做动画，当时第一个月工资有2000元，发工资的第二天，他就添了800元，买了一个镜头。为了自己的爱好，他每月都甘愿做"月光族"。

2009年，孟小五在摄影论坛里结识了他人生中最重要的两个朋友，一个也是摄影师，另一个是化妆师。共同的爱好和对摄影的相似理念，让他们走到了一起。很快，3个人一拍即合，合作开了一家以"时光"命名的照相馆。

他们的第一桶金是给一个楼盘拍商业片赚到的。当时客户非常满意地挑出了50张选用片，他们一天下来赚了15000元。看着挣来的辛苦钱，他们都激动得哭了。随后，他们的生意越来越好。尽管事业刚起步，挣来的钱很快又投进了照相馆的发展中，但是用孟小五的话说："以玩养玩，我很满足。"

孟小五尝到了在爱好中工作的喜悦和幸福，但现实中，能够为自己的爱好工作的毕竟是少数。不过那些无法选择爱好之路的人，并不意味着从此与爱好绝缘。相反，为爱好留一片天地，于工作或生活，都是重要的补充。

爱好是一种乐趣，一种情调，它能丰富人的精神世界，拓宽生命的边界。正因为有了多种多样的爱好，人生才能丰富多彩。爱好可以引导一个人寻觅与发现人生与社会中许多未知和美好，甚至能成为人生的向导。在由爱好搭建起来的生活空间里，我们可以自得其乐，尽情发挥。

有研究表明，有爱好的人更有热情，更有情趣，而且对事专心和执着。一个长期的爱好不仅对个人来说是心灵的寄托，也是朋友间联系的纽带。

爱好不是打发时间、可有可无的存在，它与生活质量乃至生活格调、人生境界都有关系。无论你所从事的工作与你的爱好是否一致，爱好于你而言都是一种抚慰，只有心中始终存有期盼和热爱，生活才能变得有滋有味。当然，这里提到的爱好并不是指一般的休闲娱乐活动，而是指足以让你喜爱、沉迷以及钻研的事物。

常常听到一些年轻人诉说生活苦闷无聊，他们中有些人常到电影院或夜店中去消磨空闲时间，但当夜深人散时，内心却生出加倍的寂寞和空虚。这是因为他们没有到心灵深处去寻求真正属于自己的那份爱好。

真正的爱好应该是在工作之余，打开琴盖，弹一支曲子；夜晚睡觉之前，掀开书本，读几篇好文章；内心苦闷之时，拿起笔，写一首小诗，或随意写下你心中想说的话；闲暇的时光中，打开颜料盒，把你窗前的一支新绿描画下来……

健康的爱好，犹如生活的滋养剂，让人充分地享受人生的乐趣，提高生活质量。只要自己乐意去培植，每个人的生命树上都可以开出最可爱的花，结出最甘美的果子。

工作再忙，也要给自己的爱好留一点时间和空间，因为这意味着给自己的精神和心灵留一点时间和空间。只有坚持爱好，精神才会有所寄托，心灵才会有所附着。

8.借别人的智慧，找自己的秘方

星云大师认为，一个人有无智慧，往往体现在做事的方法上。山外有山，人外有人。借用别人的智慧，助己成功，是必不可少的成事之道。

三国中的刘备，文才不如诸葛亮，武功不如关羽、张飞、赵云，但他有一个别人不及的优点，那就是出色的协调能力，他能够吸引这些优秀的人才为他所用。

聪明的人善于从别人身上吸取智慧的营养补充自己。

读过《圣经》的人都知道，摩西算是世界上最早的教导者之一。

他懂得一个道理：一个人若是能得到其他人的帮助，就能做成更多的事情。

当摩西带领以色列子孙前往上帝许诺给他们的领地时，他的岳父杰塞罗发现摩西的工作实在太多了，如果一直这样下去，他总有一天会吃不消。于是，杰塞罗想办法帮助摩西解决了问题。他告诉摩西将这群人分成几组，每组1000人，然后再将每组分成10个小组，每组100人，再将100人分成2组，每组各50人。最后，再将50人分成5组，每组各10人。然后，杰塞罗又教导摩西，要他让每一组选出一位首领，而且这位首领必须负责解决本组成员所遇到的任何问题。摩西接受了建议，并吩咐那些负责1000人的首领，分别找到可以胜任小组首领的伙伴。

最终，借助严密的组织，他们顺利到达了领地。

用心去倾听每个人对你的计划的看法，是一种虚怀若谷的表现。他们的意见，你不见得各个都赞同，但有些看法和心得，一定是你不曾想过、考虑过的。广纳意见，有助于你迈向成功之路。

荀子有"君子性非异也，善假于物也"的东方智慧，牛顿有"踩在巨人肩上"的西方智慧。古之"借风腾云""借力打力""借鸡生蛋"等，无不讲究一个"借"字，讲究借助外部力量而求得发展。帆船出海，风筝上天，无不是"好风凭借力，送我上青云"。而人的成功，也需要借力。

台湾巨富陈永泰说得好："聪明人都是通过别人的力量，来达成自己的目标。"一个人大部分的成就总是承蒙他人之赐，他人常在无形之中将希望、鼓励、辅助投入我们的生命，激活我们的精神世界，使我们的各种能力日渐趋于完善。

一个成功人士，肯定拥有良好的人际关系，他的背后肯定有着发达的关系网。所以，一个人力量有多大，不在于他能举起多重的石头，而在于他能获得多少人的帮助。

任何人在跨入社会时都应该学会待人接物、结交朋友的方法，以便互相提携、互相促进、互相尊重，单枪匹马是很难获得长足发展的。钢铁大王卡耐基曾经预先写好自己的墓志铭："长眠于此地的人懂得在他的事业过程中起用比他自己更优秀的人。"

减 压 练 习

芳香疗法

你一定有过这样的体验：当你闻到海洋的味道时，会回忆起一段往事；而闻到妈妈的香水味时，又会想到另一段往事。在完全不自觉间，你已受到"味道"神奇的影响。

据统计，现代都市的人们不爱运动的比例居高不下。生活在都市的人们，由于生活节奏越来越快，工作压力越来越重，多数人都懒得去做运动，却又希望有健康的身体以及靓丽的外表。养身、美容已成为都市人所追求的一种生活时尚，而一种新的生活风潮——芳香疗法逐渐成为人们放松神经、舒缓工作压力的好方法。

芳香疗法萌芽于古埃及和古印度，发展于古希腊、古罗马和阿拉伯，成熟于20世纪的法国，随后流行于世界各地。早在5000多年前，古埃及人就开始使用香油香膏了。考古学家在金字塔的挖掘过程中，常发现有压榨或蒸馏植物的器具，还有不少关于化妆品、按摩膏和药物的记载。

当时，古埃及人已懂得用乳香精油和肉桂精油来减轻肌肉疼痛，用芫荽和蜂蜜调制油膏来治疗疾病。埃及艳后喜欢在沐浴水中加入玫瑰精油、橙花精油和檀香精油，浴后再用肉桂、橙花和蜂蜜调制的精油涂抹全身。为了制作植物香油，她曾耗巨资建有"香膏花园"。在古印度，当时的医学就认识到像药草及其提取物和精油这些天然产物可用于调节人体内部的失衡和进行疾病的治疗。如古印度人知道用柠檬香茅退烧和预防传染病（如疟疾），用檀香的香气振作精神和消除疲劳。

20世纪50年代，法国生物化学家、美容师玛格丽特·玛丽研读了许多精油著作，首次将芳香疗法用于美容护肤上，是第一位将芳香疗法与美容护肤结合在一起的人。玛格丽特·玛丽出版了《摩利芳香疗法指南》一书，书里详细讲述了精油的保健治疗和美容护肤作用。此外，她还将芳香疗法传到了英国。

20世纪80年代，芳香疗法传入日本，随即在日本出现了采用芳香疗法的美容沙龙，其治疗效果也受到日本医疗机构的关注。与此同时，芳香疗法在美国也盛行起来，在美国市场上可以买到各种品牌的芳疗产品。20世纪80年代末，台湾也引进了芳香疗法，并把它归入美容行业，还规定其从业人员必须取得美容师的资格。可见芳香疗法已在全世界发展成为一种独特的治疗方法，它不但能用美容护肤用的天然物质来治疗（或辅助治疗）疾病，还能以身心的和谐和健康来增加人的愉悦感。

芳香的新世界

芳香植物与人类生活紧密相连。已经有许多医学家证明了某些香气可以降低血压。根据研究显示，含有苹果味道的香精油对降低血压特别有效果、李子及桃子的味道可以减轻疼痛、茉莉香味及薄荷油可使人不再沮丧、天竺葵精油及佛手柑香精油可以驱除忧虑感，而玫瑰及康乃馨味道则可以恢复体力。

从很多文献中可以找到香精油可以使人身体健康的描述。最明显的证明就是公元前400年希波克拉底的记载:要获得健康的方法,就是每天用香精油洗澡、按摩。

如果你以为精油只能用在浴缸里泡澡,或是在SPA美容室按摩,那可就大错特错了。事实上,生活无处不熏香,芳香疗法不但能运用在居家生活中,在办公室内,同样可以享受精油熏香的乐趣,让你成为名副其实的魅力上班族!

芳香疗法就是通过不同的使用方法(吸入法、熏蒸法、沐浴法、按敷法、按摩等),促使精油进入体内发挥效用。

精油的使用方法很多,在办公室中可选择熏蒸法、吸入法。所谓熏蒸法,就是使用熏蒸的工具,包括熏香灯、熏香蜡烛或是最近很流行的水氧机,目的在于辅助精油挥发于空气当中,不但有助提振精神,也有净化空气之效。而吸入法就更简单了,简便的吸入法可滴1~3滴精油在手帕、毛巾上或半杯温开水中,随时吸闻。此外,讲究一点的人还可以利用精油自制香水,随时随地都在精油香氛的保护当中。

最实用的香精油如下:

熏衣草

每一个家庭至少应该有一瓶熏衣草精油,因为它在处理烧伤和烫伤方面非常有效。熏衣草是自然的杀菌消毒剂,具有抗忧郁、镇定和解毒的功能,可促进康复,预防疤痕,能刺激身体的免疫系统。熏衣草并不只是能促进循环的物质,它似乎还可缓和病人在伤痛中的惊慌情绪,是一种情绪的舒缓剂,能安抚因受伤所引发的精神不安。

茶树

茶树的抗菌作用比石碳酸强过百倍,然而,它对人类却不具任何的毒性。它具有抗病毒和抗菌的特性,我们把它用来治疗念珠菌感染及各式的传染病,例如金钱癣、晒伤、面疱、香港脚、牙疼、脓漏以及其他的毛病。

薄荷

这是一种绝佳的消化剂，能帮助呼吸系统和循环系统，还是消炎抗菌剂。由于这些特性，薄荷是用来医治下列毛病的最佳精油：消化不良、胀气、口臭、流行性感冒、黏膜发炎、静脉曲张、头痛、偏头痛、皮肤刺激、风湿、牙痛、疲劳。薄荷还能让老鼠、跳蚤和蚂蚁退避三舍呢！

洋甘菊

洋甘菊的精油有好几种，德国洋甘菊最是出类拔萃，由于富含天蓝油泾，其美丽的深蓝色更显出它的特别；罗马洋甘菊也丝毫不逊色，尤其适合用来治疗紧张及失眠。请注意，有种摩洛哥洋甘菊不是真的洋甘菊，不能当作药用。

尤加利

在澳洲的新南韦尔斯州里有座名为"蓝山"的群峰，因尤加利树脂所分泌出独特的蓝色雾气笼罩了整个山区而得名。尤加利是一种很了不起的精油，夏天，它能让我们的身体变得凉爽，冬天，它能帮助御寒。它有防炎、防腐、抗虫、利尿、止痛和除臭的功效，研究已证明它有抵抗滤过性病毒的特性。它治疗咳嗽和感冒的特效一直为人所称道，治疗膀胱炎、念珠菌、糖尿病和晒伤的效果也是同样的好。

天竺葵

天竺葵能够深入治疗人情绪上的问题，在处理许多医疗问题时也有很好的功效。天竺葵即使拿来做药用，闻起来依旧香气十足。天竺葵能让冻疮很快地消退；用于护肤时，我们的皮肤看起来会很有光泽；最重要的是，它能治疗子宫内膜异位以及月经问题，有效帮助糖尿病人放松心情、减轻病痛。

迷迭香

迷迭香能够振奋我们的身心，因此很适合在早上沐浴时使用它，同时能有效调理肌肉问题, 所以在繁忙的一天之后, 它是你在泡澡时的最佳拍档。我们把这个具有消毒功能的精油用来治疗肌肉扭伤、关节炎、风湿、忧郁、疲劳、记忆减退、偏头痛、咳嗽、流行性感冒、糖尿病和其他的毛病。迷迭香是护发、治疗面疱和蜂窝组织炎的良方, 能够帮助美容。对运动员、厨师及园丁而言, 迷迭香是无价之宝。

百里香

百里香有很多种, 有些可以安心地使用在各种情况, 有些则不能。抗滤过性病毒、驱虫、抗菌以及利尿都是它的显著功效, 但在使用时可要小心, 如果用得太多会刺激甲状腺和淋巴系统。在还没被稀释前, 千万别把它擦在皮肤上。除非百里香的化学种类是沉香醇百里香, 否则绝不能用在孩子身上。

艾草

艾草中含多种且大量的有益健康成分, 其中最重要的就是良质的叶绿素, 可发挥净血、杀菌、抑制病毒、促进血液循环和末梢血管扩张、提升免疫功能、排除多余脂肪和毒素、除臭等作用, 再搭配多种维生素和矿物质, 使艾草在预防心脏病、高血压、气喘、胃肠病、去除风邪、腰痛以及污染恶臭空气等方面具有独特功效。

第十一章

倒空忧愁之杯：
你要快乐就快乐

我们虽然不能赶走室内的黑暗，但我们只需把光明放进去，黑暗自然就会逃走！打破我们的消极心态也是如此，只需点亮心灯，一切都会慢慢好起来。

——德山禅师

1.如果需要就哭出来

人在痛苦时都会有哭的感情冲动，这其实是正常的情绪反应。但一些人碍于面子选择压抑自己，强忍着不哭出来。其实，这样做会给身体带来不良的后果。

强忍泪水，只会加重抑郁，憋出病来。强烈的负面情绪会造成你心理上的高度紧张，而当这种紧张被你压抑下去得不到释放时，势必成为一种积累待发的能量，引起机体植物神经系统功能的紊乱，久而久之，会造成身心健康的损害，促成某些疾病的发生与恶化。

自然地哭出来，对身体有很多好处。人体排出眼泪，可以把体内积蓄的导致忧郁的化学物质清除掉，从而减轻心理压力，保持心情舒坦。眼泪可以缓解人的压抑感。遇到悲伤的事情时，如果能放声痛哭一场，流泪后的心情往往会好上许多，这是由于悲伤引起的毒素通过眼泪得到排泄的原因。

有一位中年男子，母亲去世，妻子又患了癌症。在数月里，他一直感到胸部疼痛不已，精神抑郁，吃药也不见效，不得不去医院认真地检查。当他把一切告诉医生时，眼里满是泪水，可他还是克制着不让眼泪流下来。医生对他说："你可以在这儿哭，哭出来就好多了。"于是，这位中年男子关起门来，足足哭了十多分钟。几天以后，这位男子的胸痛明显减轻了。

哭虽然不能从根本上解决问题，但是，适当的哭泣可以缓解紧张情绪，消除积蓄已久的压力或悲伤。

哭作为一种常见的情绪反应，对人的心理起着一种有效的保护作用。美国心理学家费雷认为，人在悲伤时不哭有害身体健康。长期不哭的人，患病率要比常哭的人高一倍。男性胃溃疡病和精神分裂症患者大都是强忍不哭者。如果他们该哭就哭，很可能会避免患上这些病。

泪是人体处理体内废物的渠道之一，而且，人因快乐、焦急、沮丧、悲痛、发怒而流出的眼泪，其泪液所含的化学成分是各不相同的。女人比男人爱哭，这也与男、女体内所含化学成分不同有关。

由于感情因素流泪和因洋葱刺激流泪，泪液的化学成分是不同的。前一种泪液中对身体有害的物质含量要多一些，这些物质可能就是人体在紧张的情绪活动时制造的。通过哭，把出于不良情绪产生的有害物质从泪液中排出去，对人体的健康有一定的保护作用。

泪液不但保护着我们的眼睛，在一定程度上也能保护身体的其他部位。除了以上所说缓解压力与病痛以外，哭泣还可以舒畅脾肺，改善容貌，锻炼眼睛。生活中常有这样的事例：突如其来的巨大悲痛，令人难以排解，这时有人劝"哭出声来吧"，结果痛哭一场，往往就能使人从悲痛中解脱出来。人在哭泣后，其情绪强度一般会降低40%，这便解释了为什么哭后的感觉会比哭前要好许多。

当然，任何事情都不能过度，哭也一样，哭得过度了，就会对人体产生不好的影响。一个人整天哭哭啼啼，会扰乱人体的生理功能，使呼吸、心跳失去规则。有人在大哭之后，白天不思饮食，夜不能寐，这是很伤身体的。《红楼梦》中的林黛玉就是多愁善感的典型，她的爱哭使本来就羸弱多病的身体更加衰弱，以致加速了她的死亡。所以，哭也是要有节制的。

2.借助想象转移注意力

纳斯美瑟少校是高尔夫球爱好者，他曾经在越南的战俘营度过了7年。7年间，他被关在一个只有4尺半高、5尺长的笼子里。绝大部分的时间他都被囚禁着，看不到任何人，没有人和他说话，更不可能有任何体能活动。7年后，他终于得以重见天日。当他第一次踏上高尔夫球场时，他竟打出了令所有人惊讶的74杆的成绩，比他自己以前打的平均成绩还好一些，而他已经7年未上场了。不止如此，他的身体状况也比7年前好。这引起了很多人的好奇。

原来，这7年间，纳斯美瑟少校为了改变被囚禁的郁闷心情，想出了一种特殊的减压方法。刚开始时，他什么也没做，每天只祈求着赶快脱身。后来，他清醒地意识到，他必须发明某种方式，使之占据心灵，不然他会发疯或死掉，于是他尝试着建立"心像"。

他选择了自己最喜欢的高尔夫球，并坚持每天在心里"打"高尔夫球。每天，他在梦想中的高尔夫乡村俱乐部打18洞。他在想象中体验了一切，包括平时被忽略的细节。他想象着自己穿着高尔夫球装，戴着太阳镜，呼吸着空气的芬芳和草的香气。他还体验了不同的天气状况——暖洋洋的春天、阴沉昏暗的冬天和阳光普照的夏日早晨。在他的想象中，球杆、草、树、鸣叫的鸟、跳来跳去的松鼠、球场的地形都历历在目，这些想象让他陶醉，让他感到美好，甚至有点兴奋。不一会儿，他感觉自己的手握着球杆，练习各种推杆与挥杆的技巧。开始打球时，他想象着球落在修整过的草坪上，跳了几下，滚到他所选择的特定点上，他为此感到很有成就感。打完18洞的时间和现实中一样，一个细节也不省略。他一次也没有错过挥杆左曲球、右曲球和推杆的机会，这一切每天都在他心中发生。

以前，他打得和在周末才练球的人差不多，水准在中下游之间。而现在，每周7天，每天4个小时，18个洞。7年后，他打出了74杆的成绩。而他的进步无疑得益于他所创造的"心像"法。

与"心像"法有异曲同工之妙的还有"想象疗法"。精神心理学研究证明，大脑与人体之间存在着某种尚未被人了解的渠道，这个渠道起着思维活动与免疫系统之间互相联系的作用。"想象疗法"能强化免疫系统的功能，能有效地抑制疾病的发展，使疾病好转而痊愈，还能促使人的心情愉悦。

为什么"想象疗法"会有如此神奇的治疗作用呢？

原来，"想象疗法"的秘诀在于让患者转移注意力，建立一种信心，使患者看到希望，增强他战胜病魔的勇气。运用"想象疗法"能治愈许多慢性病。在养生方面，想象的作用更是不可估量。想象养生，就是通过想象各种不同的自己喜欢的情境来放松精神，舒缓压力，愉悦身心。比如，想象蔚蓝的天空、悠悠的白云、七彩的霞光、碧绿的草地、清澈的小河、青山幽谷、一望无际的麦田、甘甜的泉水……这些想象能给人以温暖、悠闲、安宁和美好的感觉。以上列举只是想象疗法中的一小部分，你也可以结合自己的体会，尽量想象能愉悦身心的事物，用来调节情绪和放松精神，达到健康心理的目的。比如，你可以"假装"对工作有兴趣，想象着自己正在做的是一件非常快乐的事。可别小看这一点点"假设"，它能立刻让你减少疲劳、忧虑、烦闷之感，还有助于你舒解身心的压力。

人生在世不可能做到事事如意，当我们无力改变既成事实时，就试着放飞自己的思想吧。展开你想象的翅膀，让你的思绪随风飞扬，用正面的"心像"开放你的潜能。想象自己做着快乐的事，想象自己是个快乐的人，你的心情会因此轻松起来，你的压力也会减轻许多。总之，你的一切都可能因此好起来。久而久之，你一定会得到一些意想不到的收获。

3.想好事，好事才会降临

弘一法师说："一张开心的面孔对病人的帮助，犹如宜人的气候有益健康。只有死人才不会犯错。别害怕阴影，它只不过是告诉你在不远处有亮光。有一件事可以让你对每件事都产生好感，那就是你心中闪着一个念头：好事将近了！人生中要紧的未必是际遇，而是应付际遇的态度。"

杰瑞是个不同寻常的人，他的心情总是很好，而且对事物总是保持着乐观的看法。

当有人问他近况如何时，他会答："我快乐无比。"

他是个饭店经理，却是个独特的经理。因为他换过几个饭店，而这几个饭店的侍应生在他还工作时都跟着跳槽了。

他天生就是个鼓舞者。

如果哪个雇员心情不好，杰瑞就会告诉他怎样乐观地去看待事物。

这样的生活态度实在让人好奇，终于有一天，一个名叫杰克逊的人对杰瑞说，这很难办到，一个人不可能总是乐观地对待生活。

"你是怎样做到的？"杰克逊问道。

杰瑞答道："每天早上，我一醒来就对自己说：杰瑞，你今天有两种选择，你可以选择心情愉快，也可以选择心情不好。我选择心情愉快。"

"每次有坏事发生时，我可以选择成为一个受害者，也可以选择从中学些东西。我选择从中学习。"

"每次有人跑到我面前诉苦或抱怨，我可以选择接受他们的抱怨，也可以选择指出事情的正面。我选择后者。"

"是！对！可是没有那么容易吧。"杰克逊立刻反问。

"就是这么容易。"杰瑞答道。

人生有时就是一种选择。正像我们无法选择工作，但可以选择对待工作的态度，可以选择处理工作的方法一样，改变不了天气，难道就不能改变自己的心情吗？

　　快乐是一种情绪，懂得了控制情绪的方法，你就能站在快乐的一方。

　　谁都无法"平安无事、无忧无虑"地过一辈子，谁都可能遇到不是那么尽如人意的事，有的人能从挫折中了解人生的真谛，从困难中取得生存的经验，从而欢乐常有，勇于奋进，终于到达成功的彼岸；而有的人则把苦难和忧愁闷在心上，整日里阴云淫雨，烦恼不尽，不能自拔，不仅难点照旧，事业无成，而且累及身心。

　　因此可以说，一个人快乐与否，不在于他遇到什么困境，而在于他怎样看待困境。也就是说，消极心态与快乐是无缘的。

　　星期天，你本来约好和朋友出去玩，可是早晨起来往窗外一看，下雨了。这时候，你怎么想？你也许想：糟糕！下雨天，哪儿也去不成了，闷在家里真没劲。如果你想：下雨了，也好，今天在家里好好读读书，听听音乐，也很不错。这两种不同的心理暗示，就会给你带来两种不同的思考方式和行为。

　　你可以选择从快乐的角度去看待生活，也可以选择痛苦的角度。鱼在水里游来游去，那么从容，那么自在，它的快乐全部弥漫在水中，而我们人类的快乐全部藏匿在生活的每个角落，它们是那样的简单，简单到只需人们用心去细细地品味。

　　台湾著名漫画家蔡志忠说：如果拿橘子比喻人生，一种是大而酸的，另一种就是小而甜的。一些人拿到大的会抱怨酸，拿到甜的会抱怨小；而有些人拿到小的就会庆幸它是甜的，拿到酸的就会感谢它是大的。当我们不知事情该如何进展下去时，换个角度思考，也许问题就会迎刃而解。

　　若你每天的心愿都是愿众生欢喜，你自己也会解脱。从烦恼的人到解脱的人，其间只不过是一步而已。

4.点亮心灯，黑暗自然就会逃走

我们之所以沉溺于悲伤，看不见光明，是因为我们忘记了打开窗户，光线自然照不进来；我们之所以时常茫然，时常丢失了自己，是因为忘记了享受阳光。不管生活对我们仁慈还是残酷，都是生活的给予。就因为是给，而不是取，所以不管何种情形我们都要去面对。

只要打开心灵的窗户，就会有灿烂的阳光照进来！人生如四季，有严寒与酷暑；人生如天气，有晴朗与风雨；人生如道路，有平坦与崎岖。但无论何时，把光线放进心中，就不会感觉悲伤抑郁。

一个悲观的女士去拜访一个乐观的女士。快走到时，悲观女士看到了一扇漂亮的旋转门。她轻轻一推，门就旋转起来，她随着玻璃门转进去，看见乐观女士正站着等她。

悲观女士虔诚地问："我今天来是想向您请教，快乐有什么窍门。"乐观女士用手一指她的身后："就是你身后这扇门。"

悲观女士回过头去，看见刚才自己走过的那扇旋转门，门正慢慢地旋转着，把外面的人带进来，把里面的人送出去。两边的人都顺着同一个方向进进出出，谁也不影响谁。

我们每个人的心里都有一扇门，不过是材料不同罢了。有的人是带锁的木门，成功快乐时就打开，失败痛苦时就关闭，把自己锁在黑暗里；有的人是旋转的玻璃门，不管成功还是失败，快乐还是痛苦，总是让自己的心灵之门旋转起来，把失败和痛苦旋转出去，让希望和未来旋转进来；有的人是一扇永远打不开的铁门，阳光照不进去，所以他们的内心一直沉浸在黑暗之中。

人需要自由和向上的生活，需要阳光给我们带来生命的气息。不要再去思考人活着究竟有何意义，不要再因烦琐的工作而耽误你享受阳光的时间。生活需要阳光，请把窗户打开，让阳光洒进来！

黄祯一直和丈夫过着拮据的生活，他们有两个孩子。后来，丈夫得了癌症，为了支付昂贵的治疗费用，她不仅花光了家里仅有的一点存款，还借了许多外债，可最终仍然没能留住丈夫。丈夫去世后，家里的境况变得更加糟糕了，黄祯不得不努力赚钱养活自己和两个孩子。她以分期付款的方式买了一辆旧车，为一家出版公司推销图书，没有固定薪水，全靠业务提成，收入毫无保障。

黄祯觉得孤独、沮丧，每天有一百个担心：怕付不起购车贷款，怕交不起房租，怕没有足够的东西吃，怕付不起孩子的学费，怕突然生病而无钱看医生……她觉得生活毫无希望，想自杀以寻求解脱，但又怕孩子沦为可怜的孤儿，她真不知道如何熬过这了无生趣的日子。

有一天，黄祯在一本书上看到了后来改变她命运的一句话："聪明人会主动打开窗让阳光照进来，这样，每天都会有一个新的生命。"她忽然醒悟，这才发现自己一直活在昨天的不幸和明天的恐惧中，反而忽略了今天。

黄祯因为这句话激动了半天，她将其打印出来，贴在床头一份，车子前面的挡风玻璃上一份。每天起床的时候，她就对自己说："今天又是一个新的生命！"每天开车上路的时候，她也会对自己说："今天是多么美好的一天。"然后满怀希望地上路。

渐渐地，黄祯学会了忘记过去，不想未来，只想如何干好眼前的每一件事情。她的心情逐渐变得开朗起来，她的笑容和乐观也感染了她的客户，销售业绩和个人收入成倍增长，她还清了债，经济状况得到了很好的改善。后来,她还遇到了一个好男人,重新披上婚纱,过上了幸福的生活。

也许有的人会说,生活充满了曲折和坎坷,磨难一个接着一个,幸福看起来总是那么遥不可及,我怎么可能拥有快乐,怎么能不发脾气呢?

其实快乐与人生的顺境和逆境无关,只与人的愿望和努力的方向有关。

你也许有一个不幸的童年:幼年丧父或丧母,甚至是一个父母双亡的孤儿,可是你幼小的心灵里充满了不甘示弱的倔强,你当哭就哭,当笑就笑,用勤奋和韧性代替了心中的幽怨和委屈。就像磐石底下拱出的一棵嫩芽,不停地将弯弯曲曲的细长身体顽强地向上伸展着,竭力争取得到阳光雨露的滋润,于是,它的根在挣扎着生长的过程中深深地植入了大地的胸膛,饱饮泉水和养分;它的躯干和枝叶迎着灿烂的阳光苗壮而蓬勃地繁茂着;即便是在风雨中,它也在不停地歌唱。所以,童年不幸的你,完全可以像这棵嫩芽一样,用坚强和乐观洗去脸上的阴郁和眸子里的泪光,一步一步扎实地向前走,最后,你一定会长成一棵参天的大树。

也许你在情感的道路上突然遭受了一场严重的伤害,你的心被摧残得支离破碎,你觉得就像灵魂已经飞走了一般,但只要你心中还有一丝快乐残存,它就会慢慢治愈你心头的创伤,使你那颗被情爱迷惑的心复苏,让你感觉到天涯处处有芳草。

也许健康的你突然遇到了一场飞来横祸,变成了残疾;也许原本家财万贯的你突然破产,一夜间变成了个一贫如洗的穷光蛋;也许聪明好学的你竟然高考失利……总之世事无常,命运多舛,任何人都可能在任何时间和任何地点遭受到不同的打击和挫折,但是,任何事情本身都没有快乐和痛苦之分,快乐和痛苦是我们对这件事情的感受,同一件事情，你从不同角度来看待，就会有不同的感受。

比如兢兢业业工作着的你突然失业，你可以抱怨命运的不公平，可以痛恨上司的无情，可以忧伤得一筹莫展，但你也可以这样想：命运又成就了我一次选择职业的机会，也许从此我的生活会变得比以前更充实、更富裕。于是，你心情轻松地踏上求职的道路。一切的不愉快都不必挂在心头，更无须梗阻于喉，那样只能伤害身体，酿成顽疾。你要相信，面包会有的，牛奶会有的，一切都会有的。

再比如，你不小心丢失了一件价格不菲的皮大衣，你可以对自己的粗心懊悔不已，可以对拾金而昧者耿耿于怀，但你也可以这样宽慰自己：从此，一个衣衫褴褛的穷人不用再惧怕冬天的严寒了。于是，你有了一种助人为乐后的快慰。既然一切都不会失而复得，那就财去人安吧！

再比如，孩子拆坏了你精心收藏的一块钟表，你可以痛心疾首地揍孩子一顿，于是孩子哭，大人骂，家里顿时鸡飞狗跳。可你是不是也可以在片刻的痛心之后，马上这样一想：孩子在实践中又长了见识。于是，你亲切地摸摸孩子的头，说："孩子，你能把它再重新装起来吗？"笑一笑，自己乐，孩子乐，何乐而不为？

事本无异，异的是心情。

5.将职场看作一个快乐的天堂

不知道从什么时候起，你发现自己出现了"自我分离"的状态。出现在众人面前的时候，你微笑着的表情、穿戴整齐的打扮，及对待工作的一丝不苟，使大家觉得你是一个快乐且心态平和的人。而只有你自己知道,其实很多时候,你都不快乐。你心事重重,因为你觉得自己空虚;你百无聊赖,因为你觉得自己没钱;你天天做梦能住上豪华的房子,能中大奖……于是,你的工作成了鸡肋,食之无味!

其实,畅快聊天的时候,大口喝酒的时候,大声唱歌的时候,看一本好书、一部好电影的时候,听一首好歌的时候……你都可以快乐。但是,你还没有调整好自己的心态,不懂得发现工作中的快乐。

相当多的职场人士将这种不快乐的心情互相影响,使大家都感到"累"。但其实,职场中人都明白,最主要的"累"不是因为工作紧张与压力,而是"心"累——下属反叛,领导压制,同事之间钩心斗角。

其实,如果你仔细想想,以上情况是不是只有职场中才有呢?我们身边不是也经常有这样的事情发生吗?若你不置身于职场,就不会如此闹心了吗?如果你将职场看作一个快乐的天堂,你就会发现,职场里有很多美妙的快乐等着你去享受。

做一名快乐的职场人,你首先需要积极参与到职场中来。

为了更愉快地生活,我们首先要愉快地面对办公室政治。对此,心理学家表示,只要办公室存在,你就无法逃避办公室政治。亚里士多德在两三千年以前就与他人分享了他的智慧——人生来就是政治的动物。在办公室中,有政治行为是常态,没有政治活动才奇怪。如果你闭上眼睛漠视办公室政治的存在,就如同关上电视拒绝看台风来袭般的不智,因为你迟早会被卷入其中,有所准备,才有存活的机会。

一位办公室政治专栏作家一针见血地说:"办公室政治这场游戏,要是你不愿下场,那就不要抱怨升职无期、薪金原地踏步、大家对你视若无睹,甚至职位被裁掉。"放下所有的不屑和无奈,享受办公室政治是在其中斡旋的最高明的想法。或者你可以这样想:办公室政治不过是多结交应交的朋友,少在同事间结怨。

其次,对于工作,你可能没有办法选择,但你可以选择改变自己的态度。比如，面对自己总是出问题的工作，你就当是积累经验。要知道，不管是工作还是生活，每个人都会有一些惨淡的经历，这些经历足以让我们沮丧，感到这个世界简直糟糕透了。但是，那些勇敢的人往往会用孟子的话来激励自己："天将降大任于斯人也……"

　　和《鱼》的主人公玛丽·简比起来，你简直是太幸运了。玛丽·简恩爱的丈夫因病去世，留下一大笔拖欠的医药费和两个年幼的孩子，更糟糕的是，她接手了一个"反应迟钝、争权夺利、贫乏消极"的团队。对于工作的环境，玛丽·简在日记中记录道："工作中发生的任何情况都不能使他们兴奋起来。我有30名员工，其中多数做事缓慢、工作不饱和、工资很低。他们中有些人好几年都是按同样的方法重复着节奏缓慢的工作，简直是无聊至极。当我在小工作间走动时，空气中所有的氧气都好像被抽走了，令人几乎不能呼吸……"

　　一次午餐时间，为了逃避"三楼"那令人窒息的气氛，玛丽·简离开了办公大楼。闲逛中，她走进了派克街鱼市，这里充溢着的快乐情绪与充满活力的气氛深深地打动了玛丽·简。

　　一个叫罗尼尔的鱼贩子向她讲述了这里的曾经和现在，她才了解到派克街鱼市也曾经和其他市场一样，重复着简单的工作和百无聊赖的时光。但一次讨论改变了这一切，并使得派克街成为了世界著名的旅游胜地。

　　此后，在反复的接触中，玛丽·简从鱼市学到了几条重要的经验。其中一条就是选择自己的态度，内容是这样的——即使你无法选择工作本身，你可以选择采用什么方式工作，用玩的心态对待你的工作，快乐每一天；带着阳光、带着幽默、带着愉快的心情对待每一个人；把你的注意力集中在快乐的工作上，就会产生一连串积极的情感交流。

如果你还不服气,可以问问自己是不是有时会说这样的话:"我很讨厌这个上司""我觉得他很烦"……可是,你想过没有,这样的话很可能把你的职场生活搅乱。工作是你的,他跟你有什么相关?既然你那么讨厌他,为什么又因为他的存在而浪费掉自己积累经验的宝贵时机呢?

凡成大业者,必重"天时、地利、人和"三要素,没有良好的人际关系,在哪里都是无法生存的。能否愉快地工作,除了你对工作的兴趣外,很大程度上取决于职场人际关系的好坏。人际关系好的人,整天乐呵呵,人人都愿意为他效劳。因此,在职场上,不要用"合则来,不合则去"的随意态度来对待人际关系。

只要你放弃以自我为中心的想法,放弃对他人的猜测和种种抱怨,相信自己的看法,意见没有绝对的对与错,任何事情都要经过切磋琢磨才能得出最理想的结果,如此,你才能赢得大家的喜欢和尊敬,才能真正快乐起来!

6.学会自己娱乐自己

虽然我们不能改变周遭的世界,但我们可以用慈悲心和智慧心来面对一切,所谓"兵来将挡,水来土掩",不被世事沉浮影响心境,做到"无喜无忧",也就是有好事不过度狂喜,有坏事不过度惆怅。

欢喜要从哪里来?慧思禅师说:"但向己求,莫从他觅,觅即不得,得亦不真。"意思是说,欢喜要靠我们自己去创造,不能指望别人给予。

空杯心态
做自己的减压教练

　　有个小和尚很小的时候就上了山，陪在师父身边，两个人在山上的庙里度过了好几年的时光。渐渐地，小和尚开始觉得有些寂寞，山上的景色他已经看了个遍，想去山下看看大千世界。但小和尚不敢跟师父说，于是整天愁眉苦脸，师父不在的时候就唉声叹气，做什么都提不起兴趣。

　　小和尚以为师父不知道自己的心事，但师父一眼就知道了小和尚是动了"凡心"，导致不能安心向佛。于是在一天清晨，师父叫来了小和尚，对他说："为师想要吃些新鲜的果子，你去后山帮为师摘一些回来。"

　　小和尚穿林过河，来到了后山，找了几种不同的果子，带回来给师父。可师父看到果子的时候却摇摇头，说："这果子我不爱吃，重新摘吧。"

　　小和尚很纳闷，师父怎么挑起食来，他教导过自己不能挑食的啊。小和尚再次到了后山，精心挑选了几种甜美多汁的果子，没想到师父又摇摇头，说："这果子太酸，为师不要。"

　　第三次踏上后山的小和尚，失去了所有的耐心，躺在一处青草里，看着天空和远处的树林，想不通师父今天为什么如此奇怪。渐渐地，周围的风景把他迷住了，他越看越入迷，一直看到了天黑。

　　回来后，师父满意地点点头，说："你终于懂得了欣赏。寺里生活枯燥，正需要一些欣赏的眼光才能够坚持下去啊。"

　　生活不易，我们要学会娱乐自己。欢喜与否完全取决于我们的心境。心里装满了欢喜，即便是粗茶淡饭，也会觉得是人间难得的美味；心里装满了欢喜，就算路上堵车，也能以平和的心态欣赏路旁的风景，而不是按着喇叭大骂堵车耽误时间。

7.微笑是人生最好的名片

生活并没有拖欠我们任何东西，所以没有必要总苦着脸。应对生活充满感激，至少，它给了我们生命，给了我们生存的空间。

微笑是对生活的一种态度，跟贫富、地位、处境没有必然的联系。一个富翁可能整天忧心忡忡，而一个穷人可能心情舒畅；一位处境顺利的人可能会愁眉不展，一位身处逆境的人可能会面带微笑……

一个人的情绪受环境的影响，这是很正常的，但你总是一副苦大仇深的样子，对处境并不会有任何的改变。相反，如果微笑着去生活，可以增加你的亲和力，让别人更乐于跟你交往，这样一来，你得到的机会也会更多。

微笑发自内心，不卑不亢，既不是对弱者的愚弄，也不是对强者的奉承。

威廉·史坦哈结婚18年多了，这十几年来，从早上起床到他要上班的时间，他很少对自己的太太微笑。

后来，在史坦哈参加的继续教育培训班中，他被要求准备以微笑的经验为题发表一段谈话，为此，他决定亲自试一个星期看看。

在试验期间，史坦哈去上班的时候，会对大楼的电梯管理员微笑，说一声"早安"；他会以微笑跟大楼门口的警卫打招呼；他会对地铁的检票小姐微笑；当他站在交易所时，他会对那些以前从没见过自己微笑的人微笑。

当史坦哈对别人微笑时，别人也会对他报以同样的微笑。当他以一种愉悦的态度对待那些满腹牢骚的人时，问题很容易就能得到解决。

史坦哈发现，微笑给自己带来了更多的收入。

史坦哈跟另一位经纪人合用一间办公室，对方是个很讨人喜欢的年轻人。史坦哈告诉了那位年轻人自己最近在微笑方面的体会和收获，并声称自己很为所得到的结果而高兴。那位年轻人承认说："当我最初跟您共用办公室的时候，我认为您是一个整天都闷闷不乐的人。直到最近，我才改变看法：您的微笑让你看起来很慈祥。"

你的笑容就是你好意的信使，你的笑容能照亮所有看到它的人。对那些整天都皱着眉头、愁容满面的人来说，你的笑容就像穿过乌云的太阳；尤其是对那些受到上司、客户、老师、父母或子女压力的人，笑容能让他们看到希望。所以，请记住：微笑能改变你的生活。

微笑没有目的，无论是对上司还是对门卫，笑容都是一样的。微笑是对他人的尊重，也是对生活的尊重。微笑是有"回报"的，人际关系就像物理学上所说的力的平衡，你怎样对别人，别人就会怎样对你。你对别人的微笑越多，别人对你的微笑也会越多。

在受到别人的曲解后，可以选择暴怒，也可以选择微笑。通常，微笑的力量更大，因为微笑能震撼对方的心灵，显露出来的豁达气度会更加凸显对方的渺小、狭隘。

清者自清，有时，过多的解释、争执完全没有必要。面对那些无理取闹、蓄意诋毁的人，你要做的就是给他一个微笑，剩下的就让时间去证明吧！

微笑是人生最好的名片，是朋友间最好的语言。一个自然流露的微笑胜过千言万语。无论是初次谋面还是相识已久，微笑都能拉近彼此的距离，让人与人之间备感温暖。

微笑的实质是爱，懂得爱的人，一定不会平庸。

8.只要活着，我们就是幸福的

人的一生总会经历很多事情，这些事情，有的让你喜，有的让你忧，有的让你仰天大笑，有的则让你垂头叹息。其实，细细想来，这些又算得了什么呢？在这生与死并存的世间，只要活着，我们就是幸福的。

1991年11月7日，当时32岁的NBA名将"魔术师"约翰逊在湖人记者招待会上宣布退役，因为他感染了艾滋病病毒。19年后，约翰逊依旧积极地生活着，也努力地与病魔抗争着。

约翰逊一直接受着鸡尾酒疗法，将病情控制在稳定的范围内。作为一个丈夫和3个孩子的父亲，他在家人的陪伴与支持下全身心投入到工作中，管理着一个不小的商业王国，其资产比退役时增加了近20亿美元。2001年，他成立了魔术师约翰逊发展公司，拿下了洛杉矶城市里一块没人要的地，建造了魔术师约翰逊剧院，又说服了众多大商家入驻，一个新的商业中心逐渐成形。2006年，他又大胆收购了一家著名的连锁餐厅。现在，他的产业除了剧院和餐厅外，还包括一家制片公司以及湖人队5%的股权。

除了经商外，他把所有的时间都投入到了篮球和公益活动中：他当过电视台的NBA嘉宾主持，也经常参加以篮球为主题的公益活动，他还曾与姚明一同出演了一部防治艾滋病的宣传教育片……虽然这个病无法完全治愈，但是约翰逊说："我从来没有把自己当病人，我感觉好极了。我庆幸自己活着，每一天都活着，每一天对我来说都是节日。我活着，也是为了告诉那些患有艾滋病的人，要自强不息，积极地面对每一天。"

　　疾病和灾难的发生是无法预料的，生命的流逝是无法挽留的，所以，我们应该怀着感恩的心珍惜活着的每一天。

　　亲爱的朋友，如果你早上醒来发现自己还能自由呼吸，你就比在这个星期中离开人世的100万人更有福气。

　　如果你从来没有经历过战争的危险、被囚禁的孤寂、饥饿的折磨……你已经比世界上的5亿人要幸福了。

　　联合国"世界粮食日"数据显示：世界上每7个人中仍有1人在挨饿；全球有36个国家目前正陷于粮食危机当中；全球仍有8亿人处于饥饿状态。在发展中国家，有两成人无法获得足够的粮食；而在非洲大陆，有1/3的儿童长期营养不良；全球每年有600万学龄前儿童因饥饿而夭折。

　　如果你的银行账户有存款，钱包里有现金，你已经身居于世界上最富有的8%之列；如果你的冰箱里有食物，身上有足够的衣服，有屋栖身，你已经比世界上70%的人更富足了。

　　如果你的双亲仍然在世，并且没有分居或离婚，你已属于稀少的一群。

　　如果你能抬起头，脸上带着笑容，并且内心充满感恩的心情，你是真的幸福，因为世界上大部分的人都可以这样做，但是他们却没有。

　　如果你能握着一个人的手，拥抱他（她），或者只是在他（她）的肩膀上拍一下……你的确算是有福气的人，因为你所做的，已经等同上帝才能做到的了。

　　如果你能读到这段文字，你就拥有了双份的福气，难道你不比20亿不能阅读的人更幸福吗？

　　看到这里，你是否发现，自己其实还是蛮幸运的人呢？

　　古人笔记小说中有一首《行路歌》："别人骑马我骑驴，仔细思量总不如，回头再一看，还有挑脚夫。"语言虽浅，却足以醒世。

记住，你的存在本身就是一种幸福。

⑩ ㊣ 练习

音乐精神减压

音乐的精神减压放松练习与通常意义上的听音乐、音乐欣赏是有很大区别的。通常，人们在聆听音乐时是处于清醒的理智状态，一些人会在听音乐的同时聊天、看书、思考问题、想心事或者跳舞，他们的注意力并不在音乐本身，只是把它当作一个气氛的背景。还有一些人，虽然注意力全部集中在音乐上，专注和陶醉于音乐之中，但他们是把音乐当作一个审美的客体，或者说，是一个欣赏的对象，并不是把自己内心世界的体验与音乐融为一体，因此，音乐对他们的精神和生理的影响是非常有限的。换句话说，由于人们处于清醒状态，音乐对生理和精神深层的作用多半被人的意识过滤掉了。

音乐精神减压放松不是简单地听听音乐，放松放松，而是在一种被称为"转换状态"的意识状态（一种游离于意识和潜意识之间的状态）中，自由发挥自己的想象力，体验自我生命的美感和内心世界丰富的想象力和创造力，使身体和精神深度放松，达到释放或缓解压力的目的。

在这种练习中，音乐可以引发丰富的视觉想象，包括色彩感、形象感、运动感甚至触觉和味觉的感受，在音乐中的自由联想中让人深刻体验大自然和生命的美感，产生心理上的"高峰体验"。经过一段时间的这种练习，可能会最终改变你的日常心理状态，使它经常处于一种良好、积极的状态之中。

　　进行音乐精神减压放松时，想要进入"转换状态"，通常需要经过治疗室的语言引导和暗示来达到，也可经过自我暗示达到。气功、瑜伽、心理学中行为学派的肌肉渐进放松训练、催眠治疗、打坐等都可以帮助你达到放松状态。在身体放松后，就可以选择乐曲进入音乐想象了。让音乐引导你的情绪和思想，让想象力自由充分地发挥，体会心中各种最美好的感受。当想象完成后，则要引导自己一步步回到现实和日常的意识状态中来。

推荐作品

（1）有关草地的音乐联想推荐作品

贝多芬：《第六交响乐》第二乐章

戴留斯：《杜鹃之歌》

拉威尔：《达夫尼斯与克罗尔》第二乐章

鲍罗廷：《在中亚西亚草原上》

（2）有关高山的音乐联想推荐作品

布拉姆斯：《第二交响乐》第二乐章

德彪西：《夜曲》

格罗夫：《大峡谷》组曲的"日出"

马勒：《第四交响乐》

（3）有关溪水的音乐联想推荐作品

贝多芬：《第九交响乐》第三乐章

雷斯皮基：《罗马的松树》第二乐章

斯美塔那：《伏尔塔瓦河》

（4）有关大海的音乐联想推荐作品

德彪西：《大海》第一部分

艾尔加：《谜语变奏曲》第八、第九段

雷斯皮基：《罗马的松树》"阿比亚街之松"

（5）让自己拥有安全感的音乐联想推荐作品

肖斯塔科维奇：《第二钢琴协奏曲》小行板

卡林尼科夫：《第二交响乐》行板

拉赫马尼诺夫：《第二交响乐》柔板

贝多芬：《第五钢琴协奏曲》第二乐章

（6）可作为音乐想象的其他作品

贝多芬：《小提琴协奏曲》小广板、《第九交响曲》极慢板

布拉姆斯：《小提琴协奏曲》柔板

巴赫：《两只小提琴的协奏曲》广板

丹第：《法国山歌交响曲》第一乐章

雷斯皮基：《罗马的松树》乔尼科罗之松

马斯奈：《第七管弦乐组曲》

肖邦：《第一钢琴协奏曲》浪漫曲

瓦格纳：《罗恩格林》第一幕序曲

鲍罗廷：《第一交响乐》行板

布拉姆斯：《第三交响乐》稍微的小快板

布拉姆斯：《第二钢琴协奏曲》行板

拉赫马尼诺夫：《第二钢琴协奏曲》第二乐章

第十二章

倒空完美之杯：
每个人都是被上帝咬了一口的苹果

> 完美只是一座心中的宝塔，你可以在内心向往它、塑造它、赞美它，但你切不可把它当作一种现实存在，否则只会使你陷入无法自拔的矛盾之中。
>
> ——泰戈尔

1.不要为不完美而感到羞耻

生活中总是有许多不完美，它偶尔像乌云，有时又像电闪雷鸣、狂风暴雨，我们总会遭遇，不能逃脱。那么，我们该如何面对这样的不完美呢？

有一个小女孩，她自出生起，右脸就有一块青色胎记，就像《水浒传》里的"青面兽"杨志一样。小时候，她还不觉得有什么，但随着年岁渐长，周围伙伴异样的眼光越来越明显，她体会到了什么是自卑。从此，她变得越来越不爱说话。

从10岁以后，她就留起了长发，因为她要用长发遮住那块丑陋的胎记。她在学校里一言不发，老师们也不敢去碰触她的伤疤。

读初二时，班上新来了一位女英语老师。英语老师年轻漂亮，但就是走路有点别扭，好像有点长短腿。

有一次英语课，老师点到了她的名字。她本能地想抗拒，但出于尊重，她还是站了起来，但她只是低着头，一言不发。老师仿佛早知道这种情况，便轻轻地说："放学后来办公室找我，你同意的话就点点头，行吗？"

女孩诧异地点了点头。

放学后，她等同学们都离开了，才往老师的办公室走去。办公室里只有年轻的女老师一个人在。女老师关上门，拉上窗帘，然后轻轻地说了一句话："我给你看个秘密。"说完，她拉起了右腿裤子，她的右小腿以下竟然是一根银色的钢柱！女孩心中涌起一阵同情，为自己，也为眼前的老师。

女教师笑了笑，说："我12岁的时候遭遇了车祸，醒来之后才知道自己没有了右腿。"她像是在说一件与自己毫无关系的事情，"之后我一直愤懑地想：'为什么遭受灾难的是我？'我怨恨上天，因为你无法想象一个原来能够自由奔跑的人突然失去这种权利后的痛苦。但后来，我渐渐发现，除了不能自由自在地奔跑，我还可以做很多其他我喜欢的事情，情况并没有我想象的那么糟糕。再后来，我装上了假肢，经过适应，渐渐也能自由奔跑了，你看！"说完，她还高兴地跳了跳。

女孩明白了老师想对自己说的话，是啊，自己想做的事情，难道就不能做了吗？

后来，女孩成了一名作家，实现了她一直以来的梦想。

很多人因为自身的不完美而感到羞耻，怨恨上天的不公平。故事中的小女孩就是这样，她为自己脸上的胎记而感到羞耻，总是低着头。但这种羞耻又能带来什么呢？除了让她更厌弃自己，再没有其他。

人应该有羞耻心，却不应该是为自己的不完美，尤其是与生俱来的不完美而感到羞耻。我们应该以没有向完美努力而羞耻，应该以自己的怨天尤人而感到耻辱。

在很多追求完美的人看来，不完美永远都是瑕疵，它不可能登堂入室，取代美好的感觉。这其实就是一种心态问题，如果你因为一件事略带遗憾便感到惋惜，这本身无可厚非，但不去享受成功的喜悦，却一味地纠结于瑕疵的懊恼，那便是自讨苦吃了。

完美主义者总是十分高要求地对待每一件事。从某种角度上说，这是令事情做得更加出色的动力；但另一方面，却也是危险的信号。不懂得回味美好和痛苦的并存，就像一个幻想主义者，永远只能被自己所束缚，无法体会生活的惊喜。

彼得是美国职业橄榄球队员，他曾经效力过许多球队，并且每次都能神奇地带领球队取得傲人的成绩。在他退役的晚宴上，一位记者问道："彼得先生，在你的职业生涯中曾经取得多次辉煌的战绩，但有没有什么令你感到遗憾的呢？"

彼得笑道："当然有，我又不是上帝。"

记者饶有兴致地问道："那你是否为此而自责呢？"

彼得知道这位记者是有备而来，因为很多人都知道他当年在洛杉矶球队服役时，曾经在关键时刻因失误而使球队与联赛冠军失之交臂。虽然这件事已经过去很久了，但每次谈及，他都会被球迷评论一番。此时，面对记者的意有所指，彼得十分大度地说："你想说的是我在洛杉矶球队的那个赛季的事吗？虽然每次被问及此事时我都刻意回避，但那是经纪人考虑到我的形象而为我设计的策略。现在我退役了，说说也无妨。其实在当时我的确有些自责，但这件事对我的影响并没有大家猜想的那么严重。虽然那是一次重大失误，可哪个运动员的一生是完美无缺的？如果有一天我得了老年痴呆症，那么我想唯一记得的便是那次特殊的经历，因为这样我的人生才真正圆满了。"

记者又问："你是说你把那次失误当成一次美好的回忆吗？"

彼得想了想说："也不能算是美好的回忆吧，毕竟这事让我懊恼了好一阵子，但却是最难忘的记忆。"沉默片刻，彼得又补充道："现在每次回忆起来，我非但不会懊恼，反而认为这是丰富我人生的一次经历！"

人们渴望成功，渴望成功带来的满足感，这是人与生俱来的品质。但任何事情都有度的衡量，一味追求完美，追求胜利的步伐，便会忘记胜利背后真正的含义。我们所做的一切，说白了无非是让自己体会快乐、充实和满足感。成功也好，完美也罢，都逃不出幸福感的圈子。

世上人无完人、金无足赤，当我们因为一次过错而令事情产生瑕疵时，需要提醒自己：瑕疵也是一种美。我们可以总结经验教训，让下一次不再出现同样的错误，但不应该为此而感到万分纠结，以至于沉迷其中不可自拔。与其痛苦地被追求完美的欲望所牵累，不如改变墨守成规的想法，接受不完美的存在。把不完美当作一种另类的幸福体验，生活不是会更加美好吗？

2.苛求完美会崩断人生的琴弦

没有人能达到至善至美的境界，让所有人都满意。完美只是一座心中的宝塔，你可以在内心向往它、塑造它、赞美它，但你不能把它当作一种现实存在，否则只会使你陷入无法自拔的矛盾之中。

詹姆士从小就过着贫苦的生活，所以他十分羡慕富人的生活，觉得那样的人生才是完美的。为了过上自己眼中完美的生活，詹姆士每天都十分努力，课余时间不是在图书馆学习，就是在快餐店打工。

凭着自己的努力，詹姆士靠打工挣的钱读完了中学，并考上了大学，此时，他觉得自己离完美已经越来越近了。大学毕业后，他在一家大公司找到了一份工作，他觉得很满意，因为他从小就羡慕那些出入写字楼的精英。

但是，坐进明亮的办公室后，詹姆士却发现这样的生活并不快乐。原来精英们也不幸福，他们不但要受上司的气，还要受同事的排挤。每当看到上司拿着公文包大摇大摆地出入高级餐厅时，詹姆士都觉得，只有拥有自己的公司，才能获得完美的生活。

几年后，詹姆士注册了一家销售公司，又经过几年的努力，他的小公司变成了大公司，拥有了曾经梦寐以求的豪华别墅、高档轿车和巨额银行存款。可他所奢望的完美还是没有降临。他的下属总是不听话，不但偷懒，工作效率低，还总要求涨工资；他的竞争对手心狠手辣，整天想着要挤垮他的公司，让他没有立足之地；更为不幸的是，他的太太对他越来越冷漠。这一切都让詹姆士觉得世界上所有的人都比他幸福。

一天，心情失落的詹姆士在开车上班的途中遭遇了一场车祸。事后，一想到那惊心动魄的一幕，詹姆士就吓得浑身发抖。他突然明白：简单地活着才是最幸福的事情，世界上哪有那么多完美？

现实中，每个人总希望自己拥有更多的快乐而非痛苦；希望自己拥有财富而非贫穷；希望自己受到良好的教育而非与知识无缘；希望自己事业有成而非碌碌无为……总之，在我们的眼中，只有得到完美，自己才能感受到生活的快乐。

但是，生活毕竟是生活，它永远都存在缺陷和遗憾。你越苛求完美，越会觉得生活不完美，于是，许多苦恼和愁闷也接踵而来。

从前，有两个孤儿自幼拜一个和尚为师。两人成年以后，师父把他们叫到面前说："你们都成年了，应该有自己的将来和梦想，由此往北行，在那群山深处有块绝世美玉，只要你们寻得那块绝世之宝，就可以下山追寻自己的将来了。"

师兄弟两人次日便离开师父出发去北方山中寻找美玉。师哥是一个注重实际、不好高骛远的人，有时候，即使发现的是一块有残缺的玉，或者是一块成色一般的玉甚至有些奇异的石头，他都会装进行囊。

过了几年，到了他们师兄弟约定汇合的时间，此时，师哥的行囊已经装满了，尽管没有师父所说的绝世完美之玉，但造型各异、成色不等的众多玉石在他看来也足以令师父满意了。可师弟却两手空空，一无所得。师哥诉说了自己这些年的收获。师弟说："你这些东西都不过是一般的珍宝，不是师父要我们找的绝世珍品，拿回去师父也不会满意的，更不会要我们下山。我不回去，我要继续去更远更险的山中探寻，一定要找到绝世美玉。"师哥再三劝说，他都无动于衷。

无奈之下，师哥只好带着他的那些东西回到了山上，将自己的收获一一呈现在师父面前，还叙述了自己与师弟相遇时师弟的探宝情况。师父听后点了点头说："你做得很好，明天，你就可以带着你的珍品下山了。你师弟不会回来了，他是一个不合格的探险者。他如果幸运，能中途醒悟，意识到至美是不存在的，那就是他的福气；如果他不能醒悟，便只能以付出生命为代价了。"

师哥下山后用那些造型各异、成色不等的玉石开了一个奇玉石馆，在他的打磨下，那些玉石、奇石都成了稀世之品。短短几年，师哥的奇玉石馆已经享誉八方。在他寻找的玉石中，有一块经过加工成为了不可多得的美玉，被国王用作传国玉玺，师哥也因此成了倾城之富。

很多年以后，师父已经奄奄一息，师哥回山探望师父，并对师父说要派人去寻找师弟，但被师父阻止了。师父对他说："经过了这么长的时间和挫折他都不能顿悟，这样的人即便回来又能做成什么事情呢？世间没有纯美的玉，没有完善的人，没有绝对完美的事物，为追求这种东西而耗费生命的人，何其愚蠢啊！"说完，师父就驾鹤西去了。

没有一个人是完美无瑕的，有缺点和不足，不一定会默默无闻，也不一定会被人否定，只要你把"缺陷、不足"这块堵在心口的石头放下来，别过分地去关注它，它就不会成为你的障碍。

看着我们周围那些事事渴求完美的人，他们往往体会不到那种有所希冀的感觉，体会不到那种当自己得到追求中的某种东西时的喜悦。所以，如果你打算将生活快乐地过下去，就必须坦然接受生命是不太好处理的、有限的、有瑕疵的这个事实，不要相信世上有"完美"这回事。不要这样要求自己，也不要这样要求别人，更不要这样要求生活。

电影《心灵补白》中有一句经典对白："这个世界上没有完美的人，你不完美，我不完美，重要的是我们能否完美地走到一起。"想要活得轻松自在一点，就要放下对完美的苛求，放松人生的琴弦，生命给了什么就去享受什么。

3.人生如此短暂，何必吹毛求疵

一个人最大的缺点莫过于自己看不到自己的缺点，反而对他人吹毛求疵、斤斤计较。

美国总统林肯有一封写给下属胡克的信，可以引导我们走进这个总统的伟大心灵。在这封信中，我们可以看到林肯如何驾驭自己的精神，同时也可以看到他如何驾驭别人。这封信让我们看到了一个率直、慈爱、睿智、老练、具有外交天赋和宽大胸襟的林肯。

胡克曾经粗鲁、不公正地批评自己的总司令——林肯，这使他的上司伯恩赛德感到十分难堪。但林肯却毫不计较，而是充分发挥胡克的优点，为己所用。

以下就是这封信：

少将：

我已任命你为波托马克军的首领。我这样做当然有自己充分的理由，然而，我依然认为你最好知道，我对你依然有很多不太满意的地方。

我相信你是一位勇敢又有才华的军人，当然，这是我喜欢的。

我也相信你不会把你的职业与政治倾向相混淆，这一点你是正确的。

你有充分的自信心，如果这不是必不可少的优点，至少是有价值的优点。

你雄心勃勃，在合情合理的范围内，它利大于弊。但是，我认为你在接受伯恩赛德将军统帅时，这种雄心曾经受到过挑战。在这一点上，你犯了一个大错误，不管是对国家，还是对那位战功卓著和值得尊敬的长官。

最近，我曾听你说过，无论是军队还是政府，都需要一位最高统帅，我也同意你的观点。因为这方面的原因，但不仅仅因为如此，我给你下达了任命。只有那些赢得成功的将军才可以成为统帅。

我现在要求你的是取得军事上的成功，而我自己也冒着独断专行的危险。

政府将尽最大的能力来支持你，不会比以往的多，也不会比以往的少，而且对所有的司令官一视同仁。批评自己的长官甚至使他丧失自信心，我担心这些由你带入军队的思想会发生在你自己的身上。

我会尽我最大的努力来帮助你控制它。无论是你，还是拿破仑 (如果他还活着)，都无法从一个弥漫着这种情绪的军队里有所收获。

现在，请克服这种轻率，保持旺盛的精力，勇往直前，争取伟大的胜利。

信中有一点值得深思。它说明了一种情况：从一片有毒的土壤里会滋生出类似龙葵的致命物质——对那些地位比自己高的人嘲笑、吹毛求疵、抱怨和批判的习惯。

尽管胡克有种种缺点，但他依然得到了提拔，但你的老板可能没有林肯那样宽容大度的胸襟。但即使是林肯，也无法永远保护胡克。如果胡克战败了，林肯就不得不再起用其他人——一个更沉着冷静、不妄加评论、不吹毛求疵的人。

有一类人专门喜欢挑别人的缺点和错误，他们自己无法做到十全十美，却要求其他人尽善尽美。他们有一种用他人的错误来证明自己的聪明的心理，总是希望从挑剔中得到满足。

如果我们像这类人一样，将大部分的时间和精力都花在评论别人的是非上，那么，我们自己能用的时间还剩多少呢？

每个人都有缺点和不足，但除此之外，我们身上还有更多的长处和优点。看到他人优秀的一面才是可取的心态。

生活中，我们经常会被身边一些吹毛求疵、追求完美的人所误导和蒙蔽，认为只有这样才会使自己更加快乐和完善。其实大可不必这样，有时候缺陷也是一笔可观的财富，所以没必要为自己的缺陷而生气。

4.如果爱，就别苛求完美

有人说爱情让人盲目，还有人说处于恋爱期间的人智商为零。这些话一点都不假。在热恋中的人看到的永远是浪漫和甜蜜，即便是缺点，在他（她）眼中也变成了可爱的地方。你爱的那个人的周身都被某种光环所笼罩，见到他（她）就像看到了满世界的阳光，原本的阴霾会顿时消散得无影无踪。爱情的力量足够伟大，和相爱的人在一起，困顿不堪的岁月也会变成美好的回忆，在彼此的心中沉淀或升华。

但是，一旦有一天，当爱情归为现实，当婚姻走进日常的生活，我们就会发现，原来对方身上有这么多自己无法接受的缺点甚至缺陷。当这种情绪持续地存在，彼此的感情就不可避免地会发生危机。

有一个女孩和一个男孩在众人的祝福中走进了婚姻的殿堂，可是

空杯心态
做自己的减压教练

婚后，女孩却觉得生活并没有她想象的那样美好，两个人经常因为一点小事而争吵。因此，她经常跑到娘家诉苦，有时候无法抑制自己的情绪，一边哭泣一边说着丈夫的种种不是。

这天，在她哭完之后，母亲起身拿出一支笔和一张白纸，对她说："这样吧，你现在拿着笔往白纸上点点，你丈夫有一个缺点，你就在纸上点一个点。"

女儿顺从地接过了笔，开始在白纸上点点。她一边哭，一边想着丈夫的缺点，想到之后就狠狠地在白纸上点着。等她点完之后，把那张纸交给了母亲。母亲又把纸递给她，对她说："女儿，你看这张纸上是什么？"女儿说："黑点啊，这上面全是他的缺点。"母亲又说："你再看看，看看还有什么？"女儿瞪大眼睛重新审视了一番，说："上面除了黑点就是空白的地方，也没有什么别的东西了。"母亲笑了，语重心长地说："对啊，空白的地方比黑点大得多，你怎么只看到黑点呢？你一定是只看他的缺点啦。来，你再数一下他的优点。"女儿停止了哭泣，开始数起丈夫的优点。她数着数着，脸色慢慢舒缓了起来，最后发现丈夫的优点还是蛮多的。这时，她心里再也没有了怨气，她感激地对母亲说："妈妈，我知道了，谢谢你。"

在婚姻生活中，很多争执和矛盾都是由于我们只看到了对方的缺点而忽视了对方的优点引起的。

我们应该知道，爱的本质是包容。当两个素不相识的人由相爱走向婚姻，就注定了要付出一些牺牲。毕竟，婚姻不是花前月下、卿卿我我的唯美浪漫，也不是莽撞少年的缠绵与誓言，而是烟火生活中的相濡以沫和相互体谅。婚姻爱情的美丽和可贵，不是誓言的多少和承诺的天荒地老，而是相互包容和理解。

一对夫妻经常抱怨对方。丈夫认为自己每天工作非常辛苦，回家后没力气做家务；妻子认为自己每天有做不完的家务活，从早忙到晚，累得要命，连工作都丢了。于是，他们决定互换角色，让对方体验一天自己的生活。

第二天清早醒过来，夫妻角色对换。作为一个"女人"，他早早起床，准备早餐，叫孩子们洗脸刷牙，照管他们吃早餐，然后开车送他们去学校，之后去超市采购。回到家，他又要整理床铺，洗衣服，打扫房间。等干完这些，孩子们放学的时间到了，于是，他又冲到学校去接孩子。到家后，他准备好点心和牛奶，监督孩子们做功课。傍晚，他开始准备晚餐。吃完晚饭，他开始洗碗，收拾厨房，然后给孩子们洗澡，给他们讲故事，哄他们上床睡觉。晚上十点，他已经撑不住了，可是屋子还没收拾，衣服还没洗……

这边，妻子也开始体验丈夫的生活。一大早到公司后，她照常开例会。会议结束后，她跟同事一起商议当天的工作安排，回到办公室不停地接打电话，跟客户洽谈。到了午饭时间，顾不上出去吃饭，叫了外卖，一边吃一边工作。下午出去见客户，经过6个小时的磋商，终于谈成了一笔大项目。这时已经是晚上七点，客户要求出去庆祝，喝酒、唱歌、聊天，晚上回到家已经是凌晨两点了。这时，丈夫还在客厅等着她。

经过这番体验，两人不发一言地拥抱在了一起。

在朋友之间，我们常常能做到感恩与报答。而夫妻之间因为有一纸婚约，彼此之间便把对方做的任何事情都看作理所当然，时间一久，自然就会熟视无睹，甚至还会鸡蛋里面挑骨头。

如果我们不能爱一个人的本来面目，而是爱上了我们期待中那个完美的他（她），我们就会一直失望，而他（她）也会因为压力过大而沉默甚至崩溃。

婚姻是一种缘分，需要珍惜。宽容是保持婚姻稳定和幸福的基本品德，因为世界没有十全十美的人！

20多岁的年轻人，心里承载了太多对完美的期待，然而，一份健康的情感不可能脱离现实而存在。如果你爱一个人，绝对不是因为他（她）的完美，那种将爱人的一切都理想化的人，最终免不了要吃点苦头。要想让自己的婚姻变得更加牢固，让家庭变得更加美满幸福，就应该用一种包容的心态去对待对方，用理性的思维去解决双方的矛盾和冲突，这样的感情才会持久，这样的婚姻才能更幸福。

5.缺陷可能会成为你的优势

上天关上一扇门的同时，一定会为你打开另一扇窗。所以，我们不必为自己的平庸和丑陋感到自卑，只要善于发现，完全可以从这些自认为丑陋的缺陷中找到有价值的一面。只要我们能以一种平和乐观的心态来对待人生，自己所有的缺陷都将成为微不足道的小问题。

有个名叫艾莉的小女孩长得有点丑，其实，主要问题并不在于她长得不好看，而是她的五官搭配得有点偏离正常比例。艾莉为此十分自卑，时常在心里抱怨上天的不公、自己的不幸，因此从未露出过笑容。艾莉一天天长大，这种自卑感越来越强，母亲看在眼里，疼在心里。

一天，为了帮助女儿摆脱心理困境，她把女儿拉到照相馆，一定要为女儿拍一组照片。照相馆中，母亲的要求很奇怪，她让女儿在拍照片时保持微笑，但不是让摄影师拍她的整张脸，而是逐一对眼睛、鼻子、耳朵、嘴巴等五官单独拍特写。帮女儿拍完照片后，她又拿出美国著名女星玛丽莲·梦露的头像，让摄影师翻拍，同样要求把五官一一分开。

几天后，等照片冲洗出来，母亲就把女儿的五官照片和著名女星玛丽莲·梦露的五官照片一一对照，并贴到女儿卧房的墙上。

母亲拉过女儿，让她看着那些被分割的照片，并对她说："和世界上最著名的美女比较一下，你哪个地方比她差呢？"女儿迷惑地看了看母亲，将信将疑。后来，她把自己的这些照片指给那些闺中密友看，有的说她的眼睛比梦露的眼睛迷人，有的说她的嘴巴更性感。渐渐地，她相信了母亲的话，觉得自己并不比玛丽莲·梦露丑。于是，她的笑容渐渐多了，自信也随之而来。

人生总会有遗憾，但这并不会妨碍你走向完美。就像十指有短长一样，许多人身上都有这样或那样的缺陷，不同的是，一些人因此失落沉沦，一些人却因此活得更加潇洒，这是什么原因呢？因为他们的做人心态大相径庭。

戴尔·卡耐基在弗吉尼亚州一个旅馆碰到了班·符特先生。这个坐在轮椅上的撰稿人的历程让卡耐基感慨不已。

"事情发生在1930年，"他微笑着告诉卡耐基，"我砍了一大堆胡桃木的树枝，准备做菜园豆子的撑架。我开着福特车把这些枝条运回家。但意外的事很快便发生了：枝条卡在车的引擎中，车辆滚出了公路老远，我受了重伤，两腿麻痹了。"

"出事的那年我只有24岁，从那以后，我就没有走过一步路。"卡耐基问他怎么能够这样有勇气去接受这个事实，他说："我以前并不如此。"很长一段时间里，愤恨和难过都占据了他的心灵，他抱怨命运。可是，抱怨并不能改变一切，他说："愤恨没有改变我的一丁点现状，我终于明白并告诉自己，我应庆幸发生过那样一件事。"他告诉卡耐基，当他克服了当时的震惊和悔恨之后，他的生活就进入了一个完全不同的世界。他开始看书，对好的文学作品产生了喜爱，书给他的生命带来了新的意义。好的音乐也能给他莫名的感动。"有生以来第一次，"他说，"我能让自己仔细地看看这个世界，有了真正的价值观念，我开始了解，以往我所追求的所谓完美的事情，实际上大部分一点价值都没有。"

我们越研究那些有成就者的奋斗经历，就会越发深刻地感觉到，他们之中有非常多的人之所以这样而不是那样，是因为他们虽然有一些会阻碍他们的缺陷，但那些缺陷却促使他们加倍努力。

许多时候，上天安排的厄运并非故事的结局，以你的努力作笔，你完全可以改写。

的确如此，只要会利用，缺陷也会变成有利条件，关键是我们采取什么样的态度和方法。命运给我们的暗示也许正是这样：你认为你是什么样的人，你就会成为什么样的人。

6.爱上不完美的自己

你有没有过这样的感受？清晨，你站在镜子前面，仔细端详自己的脸庞，一会儿觉得自己的眼睛小了一点，一会儿又觉得鼻子不够挺拔；你觉得脸上的毛孔太过粗大，甚至还长了几颗小痘痘；你觉得自己的脸庞不够小巧，嘴唇不够性感，身材不够迷人……

相信不少人都有过这样的想法，总认为自己不够好，处处不如人，于是自惭形秽、悲观失望，乃至自卑自怜、自暴自弃，不能够从容地与人交往，更不能出色地发挥自己的才华、施展个性。

实际上，每个人都有自己的优势，同样地，也不可避免地有自己的不足，但这并不能够成为我们失意的借口。正如美国总统罗斯福的夫人艾莉诺·罗斯福所说："没有你的同意，谁都无法自卑。"如果你想掌握人生的主动权，那么当你对自己有不满、失意和自卑感之时，请静下心来认真地检视自己，找到自己的价值所在，并且学会对自己说："我已经够好了！"

伊笛丝·阿雷德从小就特别敏感而腼腆，她长得很胖，脸又圆，这使她看起来比实际还胖得多。伊笛丝的母亲很古板，她总是对伊笛丝说："宽衣好穿，窄衣易破。"而母亲总照这句话来帮伊笛丝做衣服。所以，伊笛丝一直很自卑，从来不和其他的孩子一起参加室外活动，甚至不上体育课。她非常害羞，觉得自己和其他人都"不一样"，完全不讨人喜欢。

长大之后，伊笛丝嫁给了一个比她大好几岁的男人。她丈夫一家人都很好，也充满了自信，可这并没有改变她害羞的性格。尽管伊笛丝做了最大的努力想像他们一样，可她就是做不到。伊笛丝变得更加紧张不安，躲开了所有的朋友，情形坏到她甚至怕听到门铃响。

伊笛丝心里深深知道自己是一个失败者，又怕她的丈夫发现这一点，所以每次出现在公共场合时，她都会强颜欢笑，假装很开心。事后，伊笛丝又会为这个难过好几天。最后，她甚至觉得活下去已经没有任何意义，开始产生自杀倾向。

空杯心态
做自己的减压教练

　　有一天，她的婆婆谈到了她怎么教育自己的几个孩子，她说："不管事情怎么样，我总会要求他们保持本色。"

　　"保持本色！"就是这句话，在一刹那之间，伊笛丝才发现自己苦恼不开心的原因，就是因为她一直喜欢自己原来的样子。从此，伊笛丝开始本色地生活，她试着研究自己的个性、自己的优点，尽她所能地去学色彩和服饰知识，尽量以适合她的方式去穿衣服，还主动交朋友。她参加了一个社团组织，组织人要她参加活动，刚开始，她很害怕，但慢慢地，她的勇气不断增加，自信也不断增加，她获得了她期望已久的快乐，变得越来越喜欢自己。

　　时常对自己说"我已经够好了"，这实际上就是对自己的尊重与认可，也是成就自己的前提条件。用自信做后盾，学会自我拯救和自我完善永远是最重要的，也是赢得别人欣赏的方式。

　　试想一下，你没有高大的身材，但有渊博的学问也能让你看起来很高大；你没有美丽的容颜，可动人的声音同样可以让你受到瞩目；你不擅长演讲，但你很善于倾听，后者同样是一种让人喜欢的好习惯……

　　由此可见，你其实也是有优点的，你已经够好了。

　　这样做之后，对待生活和工作，你会更加从容、神采奕奕、朝气蓬勃、信心百倍，脸上永远泛着自信的光芒，并能够用热情感染周围的人，扫去别人脸上的阴霾，化解别人心中的苦闷。

　　对自己说"我已经够好了"，并非自以为是、孤芳自赏，而是为了让我们更加清楚地认识自己的优点、肯定自己的价值。一个有价值又有自信的人怎么会被失意打败呢？每天信心十足地生活，有何不好？

　　对于喜欢体操的人来说，很少有人不知道那个金发、美颈、长腿，拥有无可挑剔的容貌和举手投足间的贵族气质，能给体操注入不同寻常的东西，散发出成熟女性美的俄罗斯体操皇后——霍尔金娜。霍尔金娜是体操界少有的奇才，她获得过1996年亚特兰大奥运会女子高低杠体操冠军和2000年悉尼奥运会女子高低杠体操冠军。1995—2003年，她共夺得了10枚世锦赛金牌，还夺得过3次欧锦赛全能冠军，连续5次夺得欧锦赛高低杠冠军。

雅典奥运会上，25岁的她带着奥运会三连冠的梦想而来。可惜，在一个跳转动作后，她出现了抓杠失误，坚持片刻后还是掉下了器械。最后，她只获得了8.925分，金牌拱手让人，霍尔金娜悲情谢幕。

然而，如一只高傲的天鹅的霍尔金娜，一向有自己与众不同的作派：赛前，她从来不热身；赛后，她也拒绝承认失败。在自由体操场地上完成最后一个动作后，她就走到了台下，不屑观看对手最后一轮的比赛。等她再出现在人们的眼前时，傲然的她一边展开俄罗斯国旗，一边向观众招手致意，俨然一派冠军风度，让记者们难以抉择应该把焦点对准她还是真正的冠军帕特森。这时，全场的观众都起身鼓掌，他们的掌声献给的不是冠军，而是美丽的冰美人霍尔金娜。

"我依然是奥运冠军，大家都还会记得我在亚特兰大和悉尼的表现。"霍尔金娜的潇洒和在她旁边为她失去金牌而默默流泪的队友成了鲜明的对比。

霍尔金娜就是这么自信，她说，在她的字典里，没有什么偶像，她的偶像就是她自己。所以，在霍尔金娜的人生中，她永远是自己的冠军，永远不会对自己失去信心。

每个人都是自己人生的主角，在这场以人生为背景的戏里，你的角色、戏份没有人能够取代，真正的偶像就是你自己。

在我们生命中有很多的不完美，但正因为这些不完美才让我们成为了自己。与其痛苦地挣扎在对与错的边缘，不如安稳地坐在矛盾、隐晦中，好好享受错误中的喜悦。

不用去羡慕别人，不要总想着成为那个看似完美的别人，他是他，我是我，他永远都做不了我，我也永远都成为不了他。我们要做的只是好好爱自己，爱上不完美的自己，爱上自己的不完美。

7.看开了，人生也就圆满了

世间最大的痛苦是看不开，让自己的心蒙尘受苦。人看开的时候，心灵之门是敞开的，什么都看清了，就不怕了。很多时候，人会有恐惧，就是因为看不清。看开的时候，人的目光会盯着光明的地方，生命处于一种开放的状态并保持旺盛的势头；但若是"一朝被蛇咬，十年怕井绳"，心灵之门一关，就会看不清很多东西，人一看不清，就会产生警备、焦虑的心理，如此，自然无法积极乐观地对待生活。

换一个角度思考问题，完全是两种结局、两种心境。所以，当我们遇到困难与挫折的时候，千万不要钻牛角尖，不妨换个角度思考，劝解自己，看开一些，人生没有过不去的坎儿。

两个渔民因为船只失事而流落到了一个荒岛上。甲渔民一上岸就愁眉苦脸，担心荒岛上没有充饥之物、落脚之处；而乙渔民却为自己将要开始一段新的生活而欢呼。

两个人在荒岛上找到一个洞口，乙渔民为今晚可以睡一个好觉而庆幸，甲渔民却担心洞里是否有怪兽。乙渔民安然入睡，甲渔民却辗转难眠，不知道明天怎么度过。

上帝可怜两个渔民，让他们在荒岛上意外发现了一袋粮食。乙渔民高兴得手舞足蹈，而甲渔民却担心怎么把生米煮成熟饭，煮出来的饭是否咽得下。岛上没有淡水喝，他们不得不喝海水。乙说："喝淡水喝惯了，喝喝海水换换口味。"而甲渔民却对自己的遭遇哀怨连连。每吃完一顿饭，乙渔民总是很满足地说："又过了一天。"而甲渔民总是叹气："唉，假如粮食吃完了，该怎么办呢？"

粮食一天一天地减少，终于被他们吃完了。荒岛上还有些野果，他们把野果采摘回来。乙渔民说："运气真好，竟然还有水果吃。"甲渔民哭丧着脸说："从来没有这么倒霉过。上帝不要我活了，竟然要吃这样的野果。"终于，连野果也吃完了，他们再也找不到其他可以吃的东西，只好挨饿。为了保持力气，他们躺在洞里休息。乙渔民说："想不到我竟然什么也不要做还可以睡觉。"甲渔民绝望地说："死亡离我们越来越近了。"

最后一刻，他们都坚持不住了。乙渔民说："终于可以抛开一切烦恼，投奔天国了。"甲渔民说："我还不想下地狱。"乙渔民死了，脸上挂着微笑；甲渔民死了，脸上充满悲伤。

天有不测风云，人有旦夕祸福。当遗憾不可预料地降临在我们身上时，我们没有办法改变既定的事实，但我们可以选择顺其自然地去接受这一切。

一位油漆匠去给一位老太太家粉刷墙壁。当他走进门，看到她的丈夫双目失明时，顿时流露出怜悯的目光。可是男主人开朗乐观，每天都和他的妻子有说有笑，还不时地和油漆匠开开小玩笑，油漆匠在这里工作得十分轻松惬意。

一天，油漆匠忍不住问这位男主人为什么如此快乐。男主人笑了

空杯心态
做自己的减压教练

笑，说："为什么不快乐呢？我在一次事故中失明，虽然我再也看不见阳光和鲜花，但我能感受到阳光的普照，闻到鲜花的芬芳。我还有一个健康的身体，最重要的是，我的妻子不离不弃，对我的爱一如既往。比起那些瘫痪不能自如走动、没有温馨家庭的人，我已经很幸运了，有什么理由不快乐呢？"他的话让油漆匠很受感动。

一周后，墙壁粉刷完工，油漆匠取出账单，老太太发现比原来谈妥的价钱少了很多。她问油漆匠："怎么少算这么多？"油漆匠回答说："我跟你先生在一起觉得很快乐，他对人生的态度使我觉得自己的境况还不算最坏。所以减去的那一部分，算是我对他表示的一点谢意，因为他使我不再把工作看得太苦！"

面对苦难，是保持心灵的那份平静，还是被不安与烦躁的情绪所笼罩，一切都源于我们自己。只要我们不做无谓的抱怨与惋惜，不斤斤计较乱生气，就能享受生命的快乐。

好奇与利益会使一个人看不到眼前的美好，而去奢求曾经错过的东西。我们常说："失去了才懂得珍惜。"为何不把平常的错过看得淡一些呢？如果让你选择大海与小河，你会如何选择？也许你会选择波澜壮阔的大海，这意味着你会错过有无数淡水、静谧安详的小河。但你无须悔恨，每条路都会有各自美妙的结果。

人生路上，我们无数次被自己的决定或碰到的逆境击倒、欺凌甚至碾得粉身碎骨。但无论发生什么或将要发生什么，我们永远不会丧失价值。所以，创伤是一种历练，而不是惩罚。不要因为自己遭受的挫折、创伤而贬低、否定、惩罚自己，而应该重新整理心情和人生，带着这种创伤留下的疼痛和成熟继续上路。

错过了爱情，我们学会了爱；错过了成功，我们学会了拼搏。因为错过，我们学会了珍惜；因为遗憾，我们学会了抓住机遇，每一种创伤都是一种成熟。

很多人觉得，不能得到自己想要的东西，人生就无法圆满。其实，即便万事不遂你愿，你也能拥有另一种圆满。没有分离的思念，怎么能领略相聚的幸福？没有经历过被出卖的痛苦，怎会领略忠诚的可贵？没有品尝过失败无奈的滋味，又怎能体会成功的喜悦？没有遭遇病魔的袭击，怎能体会健康对人的重要？在纷纷扰扰的人世间，能够拥有，能够相聚，彼此忠诚，长相厮守，这不正是一种圆满吗？

减 压 练 习

做一些能减压的运动

运动之所以能缓解压力，让人保持平和的心态，与腓肽效应有关。腓肽是身体的一种激素，被称为"快乐因子"。当运动达到一定量时，身体产生的腓肽能愉悦神经，把压力和不愉快带走。

此外，适当的运动锻炼有利于消除疲劳，使学习和工作变得更有成效。要想充分发挥大脑潜能，必须合理地安排活动，不使某一半球或某一功能区由于反复单调刺激而疲劳，要动静协调、张弛有度，才能有助于提高大脑皮层的分析综合能力。

哪些运动能减压

通常来说，有氧运动能使人全身得到放松。想通过运动缓解压力，可以参加一些缓和的、运动量小的活动，使心情先平静下来，如跳绳、跳操、游泳、散步、打乒乓球等。如果有机会参加一些集体运动，如篮球、排球等，还能体会到合作的愉快，增强斗志。运动时间可掌握在每天半小时左右。

空杯心态
做自己的减压教练

这里介绍一种放松肌肉的方法，可以在睡前练习。在一间安静、灯光柔和的房间里躺下，掌心向上，两腿伸直，脚尖向外。闭上眼睛，轻柔地按照自己的节奏呼吸。绷紧脸部肌肉约10秒钟，放松；缓慢地向上抬头，放下；提肩10秒钟，放松；伸展手臂及手指，握拳10秒钟，放松；提臀，然后缓缓地放下；脚后跟并拢，向外伸展腿和脚趾，然后完全放松。如此重复练习5次。

呼吸减压很有效

运动的人都知道，当你在进行最后放松时，深呼吸能帮助你尽快将运动心率恢复到正常心率。而当人紧张的时候做几次深呼吸，也能起到放松心情的作用。考生最好能学习一些呼吸减压的方法，十分有效。

深呼吸：选一种舒适的姿势，或站或坐，将双手放在胸前，上身保持放松，吸气的同时扩展胸部，稍停，紧闭双唇，慢慢呼气，重复几次，你就会感到紧张的情绪缓和了许多，心情也会随之变得舒畅。

净化呼吸：两脚分开与肩同宽，用鼻做深吸气，同时两臂缓缓经体侧平举至上举。待吸足气后（两臂恰成上举），两臂急速下放似"挥砍"，张口吐气的同时高喊一声"哈"。这一练习有助于消除精神紧张，并能使长期郁积在肺部的浊气排出。

运动过量反无效

如果带着太大的压力和不良情绪去锻炼，在锻炼中思绪杂乱，注意力不集中，反而会影响锻炼的效果。比如有人刻意去做一些激烈的、运动量大的运动项目，认为出一身大汗，压力和不良情绪就会全部释放出来。其实效果恰恰相反，这种激烈且大运动量的锻炼不但会造成身体疲劳，加上原来紧张的精神，压力不但排解不了，还会使情绪变得更坏。

为了达到放松身心的目的，可以选择自己喜爱的、能产生愉悦感的运动。运动完毕后要及时洗浴，防止感冒，运动时间不要过长，避免过度疲劳或兴奋。

饮食辅助不可缺

营养专家认为，面对令人担忧的事情或持续不断的压力，身体会产生心跳加速、血压升高、肌肉收紧等"攻击或逃避反应"，这时特别需要身体提供营养素、维生素和额外的能量。当人承受巨大的心理压力时，身体会消耗大量的维生素C，应注意多摄取诸如洋葱、青椒、花椰菜等富含维生素C的蔬果。少食多餐也有助于减轻紧张与疲劳。